高职高专任务驱动系列教材

过程检测仪表

GUOCHENG JIANCE YIBIAO

● 李飞　主编

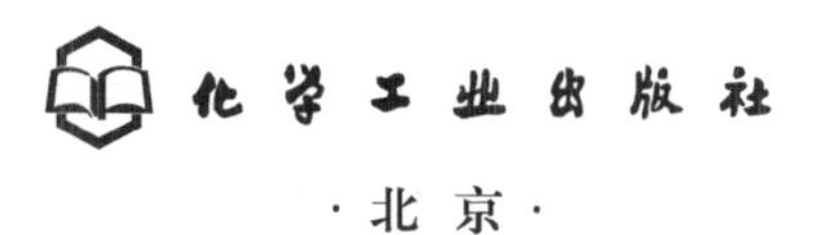

·北京·

本教材以使用典型测量仪表实现化工五大参数（压力、液位、流量、温度及成分）的测量为主体，以化工企业常见测量仪表的工作原理、结构、校验及使用能力培养为目标，以真实的被测对象为载体进行学习项目设计、任务设计，采用任务驱动的教学方式组织教学。

本书可作为高职高专生产过程自动化技术、过程检测技术专业过程检测仪表课程的教材，也可供中、高级仪表维修工阅读。

图书在版编目（CIP）数据

过程检测仪表/李飞主编. —北京：化学工业出版社，2019.12（2022.5重印）
ISBN 978-7-122-35450-1

Ⅰ.①过… Ⅱ.①李… Ⅲ.①自动检测-检测仪表-高等职业教育-教材 Ⅳ.①TP216

中国版本图书馆CIP数据核字（2019）第228885号

责任编辑：张绪瑞 刘 哲　　装帧设计：韩 飞
责任校对：张雨彤

出版发行：化学工业出版社（北京市东城区青年湖南街13号 邮政编码100011）
印　　装：北京建宏印刷有限公司
787mm×1092mm 1/16 印张9½ 字数230千字 2022年5月北京第1版第2次印刷

购书咨询：010-64518888 售后服务：010-64518899
网　　址：http://www.cip.com.cn
凡购买本书，如有缺损质量问题，本社销售中心负责调换。

定　　价：32.00元

前言

本教材是辽宁石化职业技术学院重点建设生产过程自动化技术专业学习领域教材，是以“突出培养学生的实际操作能力、自我学习能力和良好的职业道德，强调做中学、学中做，逐渐提高学生使用化工企业常见测量仪表的能力、方法”为原则编写的，用于指导过程检测仪表的课程教学与课程建设。

本教材的特色体现在：一是分层教学，针对不同的教学对象实施难易不同的教学计划，使教学过程多元智能化，以学生为中心，更多地从关注学生兴趣、开发学生潜能、促进学生全面发展考虑，引导学生健康成长；二是项目化教学，以工作任务为导向，以项目为载体，依据课程标准，结合实训环境，在课程改革经验上编写；三是双元合作开发教材，聘请企业工程技术人员与专业教师共同设计和编写符合岗位需求学习内容，实现“双元”合作开发教材。

本书以仪表维修工岗位为背景，设计了学习项目及其工作任务，每个任务由“任务描述、必备知识、任务实施、实施与评价”构成，基本涵盖了仪表维修工岗位从事过程检测仪表选型、校验和使用工作的典型工作。

本书共分六个项目，项目一介绍过程检测仪表的基础知识以及过程检测仪表的基本性能指标。项目二到项目六详细介绍了压力、液位、流量、温度及成分检测仪表的工作原理、结构特点、适用场合以及一些代表性检测仪表的组态、校验的操作方法，并且在每个项目后面增加了扩展项目，供有余力的同学去了解仪表的防尘防爆、检测仪表选型以及一些应用。另外本书每章均有习题与思考题，方便教学实践。

全书由李飞主编，李忠明主审，马菲、李忠明、王艳慧参编，具体分工为：李飞编写了项目一、项目二、项目三、项目四，李忠明与企业人员王艳慧编写项目五，马菲编写了项目六。

本书编写过程中，得到了中国石油锦州石化分公司王绍春、郭建等企业工程技术人员的大力支持，在此表示衷心感谢。

由于编者水平有限，书中难免存在疏漏和不足，敬请各位读者批评指正。

编　者
2019 年 9 月

目录

项目一

过程检测仪表的认识

检测控制技术、计算机技术、通信技术、图形显示技术反映了信息社会的发展水平，由检测、控制技术构成的自动化控制系统是现代化的重要标志之一。自动化是利用各种技术工具与方法完成检测、分析、判断和控制工作的，在工业生产方面，当前生产设备不断向大型化、高效化方向发展，大规模综合型自动化系统不断建立，工业生产过程和企业管理调度一体化的要求更促进了自动化技术的不断发展。在自动化系统中，所用的检测仪表是自动控制系统的感觉器官，只有感知生产过程的状态和工艺参数情况、才能由控制仪表进行自动控制。

任务描述

日常巡检是仪表维修工的基本工作，根据图 1-1 所示的工艺流程，对该工段的所有过程检测仪表进行登记及巡检，掌握其基本性能指标。

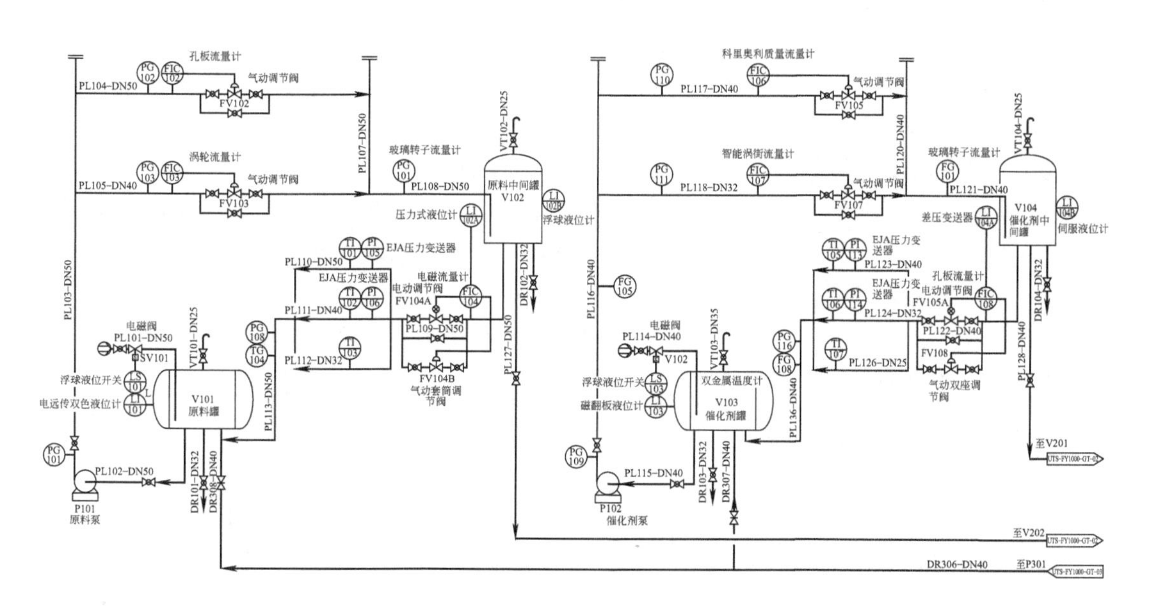

图 1-1 原料配比工段工艺流程图

1.1 过程检测仪表概述

1.1.1 测量的基本概念

测量，是利用专用的技术工具或仪器将被测量与同性质的单位标准量相比较，从而得出被测量相对于单位标准量的倍数的过程。测量的过程包括三个含义：确定基准单位；将被测量与单位标准量相比较；估计测量结果的误差。

例如，用最小刻度为 1mm 的直尺测量一水槽中的液位高度，得到该高度是 1mm 的 27.45 倍，其中 27.4 为实测高度，0.05 为估读值，则该水槽中的液位高度为 27.45mm。

1.1.2 测量的方法及种类

测量方法是指测量时所采用的测量原理、计量器具和测量条件的综合，亦即获得测量结果的方式。从不同角度出发有不同的分类方法。如：按被测对象在测量过程中所处的状态，可分为静态测量和动态测量；按测量元件或仪表与被测介质是否接触，可分为接触式测量和非接触式测量；按测量原理分为偏差法、零位法、微差法；按量具量仪的读数值是否直接表示被测尺寸的数值，可分为绝对测量和相对测量；按是否直接测量被测参数，可分为直接测量、间接测量。

（1）直接测量

直接测量是指直接通过测量仪表的读数获取被测量量值的方法。直接测量的特点是不需要对被测量与其他实测的量进行函数关系的辅助运算，因此测量过程迅速，是工程测量中广泛应用的测量方法。图 1-2 中游标卡尺测量圆的直径就是直接测量。

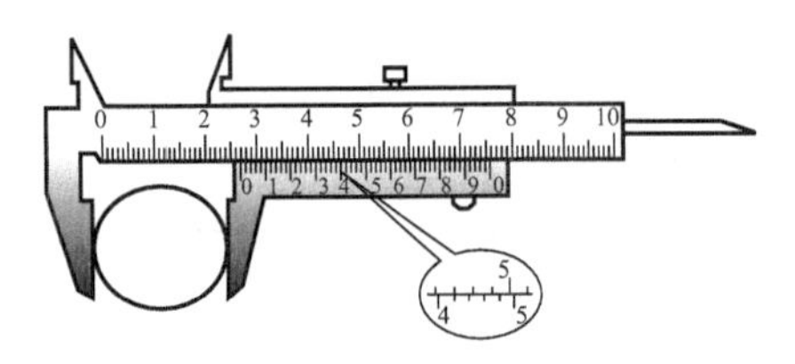

图 1-2　游标卡尺测量圆直径

（2）间接测量

将一个被测量转化为若干可直接测量的量加以测量，而后再依据由定义或规律导出的关系式（即测量式）进行计算或作图，从而间接获得测量结果的测量方法，称为间接测量。如测量一个圆的面积，可以用游标卡尺测量出其直径 D，再利用公式 $S=\pi D^2/4$ 获得。

1.1.3 过程检测仪表的种类

检测仪表的种类名目繁多，分类的方法也不尽相同，常用的分类方法如下。

（1）根据被测变量的种类分类

① 过程检测仪表：压力检测仪表、物位检测仪表、流量检测仪表、温度检测仪表及成分检测仪表。

② 电工量检测仪表：电压表、电流表、惠斯顿电桥等。

③ 机械量检测仪表：荷重传感器、加速度传感器、应变仪、位移检测仪表等。

（2） 根据敏感元件与被测介质是否接触分类

可分为接触式检测仪表、非接触式检测仪表。

（3） 根据检测仪表的用途分类

可分为标准仪表、实验室用仪表、工业用仪表。作为石化企业的仪表维修工接触更多的是过程检测仪表，主要是针对石化工艺流程中的压力、液位、流量及温度进行检定、巡检及维护。如表 1-1～表 1-4 所示。

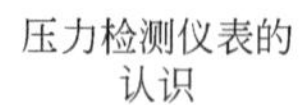
压力检测仪表的认识

液位检测仪表的认识

流量检测仪表的认识

表 1-1　压力检测仪表的种类

压力检测仪表的种类			主要特点	用　途
液柱式压力计	U 形管压力计		结构简单、价格低廉、精度较高、使用方便，但测量范围较窄，玻璃易碎	适于低微静压测量，高精确度者可用作基准器，不适于工厂使用
	单管压力计			
	倾斜管压力计			
	补偿微压计			
	自动液柱式压力计			
弹性式压力表	弹簧管压力表		结构简单、牢固，使用方便，价格低廉	用于高、中、低压的测量，应用十分广泛
	波纹管压力表		具有弹簧管压力表的特点，有的因波纹管位移较大，可制成自动记录型	用于测量 400kPa 以下的压力
	膜片压力表		除具有弹簧管压力表的特点外，还能测量黏度较大的液体压力	用于测量低压
	膜盒压力表		用于低压或微压测量，其他特点同弹簧管压力表	用于测量低压或微压
活塞式压力计	单活塞式压力计		比较复杂和贵重	用于作基准仪器，校验压力表或实现精密测量
	双活塞式压力计			
电气式压力表	压力传感器	应变式压力传感器	能将压力转换成电量，并进行远距离传送	用于控制室集中显示、控制
		霍尔式压力传感器		
	压力（差压）变送器（分规式和智能式）	力矩平衡式变送器	能将压力转换成统一标准电信号，并进行远距离传送	
		电容式变送器		
		电感式变送器		
		扩散硅式变送器		
		振弦式变送器		
	智能式压力变送器	EJA 智能差压变送器	一般利用智能手操器（hart 协议、brain 协议等）实现远程、参数设定与功能组态，体积小，精度高，不易损坏。这三类智能变送器是目前石化企业应用最广泛的压力检测仪表	日本横河公司生产
		3051 智能差压变送器		罗斯蒙特公司生产
		ST3000 智能压力变送器		霍尼韦尔公司生产

表 1-2　液位检测仪表的种类

物位检测仪表的种类		检测原理	主要特点	用　途
直读式	玻璃管液位计	连通器原理	结构简单、价格低廉，显示直观，但玻璃易损，读数不十分准确	现场就地指示
	玻璃板液位计			

续表

物位检测仪表的种类			检测原理	主要特点	用　　途
差压式	压力式液位计		利用液柱或物料堆积对某定点产生压力的原理而工作的	能远传	可用于敞口或密闭容器中，工业上多用差压变送器
	吹气式液位计				
	差压式液位计				
浮力式	恒浮力式	浮标式	基于浮于液面上的物体随液位的高低而产生的位移来工作的	结构简单，价格低廉	测量储罐的液位
		浮球式			
	变浮力式	沉筒式	基于沉浸在液体中的沉筒的浮力随液位变化而变化的原理工作	可连续测量敞口或密闭容器中的液位、界位	需远传显示、控制的场合
电气式	电阻式物位计		通过将物位的变化转换成电阻、电容、电感等电量的变化来实现物位测量的	仪表轻巧，测量滞后小，能远距离传送，但线路复杂，成本较高	用于高压腐蚀性介质的物位测量
	电容式物位计				
	电感式物位计				
核辐射式物位仪表			利用核辐射透过物料时，其强度随物质层的厚度而变化的原理工作的	非接触测量，能测各种物位，但成本高，使用和维护不便	用于腐蚀性介质的液位测量
超声波式物位仪表			利用声波在介质中传播的特性来进行测量	非接触测量，准确性高，惯性小，但成本高，使用和维护不便	用于对测量精度要求高的场合
雷达液位计			利用微波在介质中传播的特性来进行测量	基本无视恶劣的天气和环境，测量速度快，是液位检测仪表发展的趋势	适用于各种恶劣的场合
光学式物位仪表			利用物位对光波的遮断和反射原理工作	非接触测量，准确性高，惯性小，但成本高，使用和维护不便	用于对测量精度要求高的场合

表 1-3　流量检测仪表的种类

流量检测仪表种类		检测原理	特　　点	用　　途	
差压式	孔板	基于流体流动的节流原理，利用流体流经节流装置时产生的压力差而实现流量测量	它是最成熟、最常用的流量测量方法，结构简单、安装方便，但差压与流量为非线性关系	适于管径大于 50mm、低黏度、大流量、清洁的液体、气体和蒸气的流量测量	
	喷嘴				
	文丘里管				
转子式	玻璃管转子流量计	基于流体流动的节流原理，利用流体流经转子时截流面积的变化来实现流量测量	压力损失小，检测范围大，结构简单，使用方便，但需垂直安装	适于小管径、小流量的液体或气体的流量的测量，可进行现场指示或信号远传	
	金属转子流量计				
容积式	椭圆齿轮流量计	采用容积分界的方法，转子每转一周都可送出固定容积的流体，则可利用转子的转速来实现流量的测量	精度高、量程宽、对流体的黏度变化不敏感，压力损失较小，安装使用较方便，但结构复杂，成本较高	可用于小流量、高黏度、不含颗粒和杂物、温度不太高的流体流量的测量	液体
	腰轮流量计				液体、气体
	旋转活塞流量计				液体
	皮囊式流量计				气体
速度式	水表	利用叶轮或涡轮被液体冲转后，转速与流量的关系来实现流量测量	安装方便，测量精度高，耐高压，反应快，便于信号远传，不受干扰，需水平安装	可测脉动、洁净、不含杂质的流体的流量	
	涡轮流量计				
靶式流量计		利用流体的流量与靶所受到的力之间的关系来实现流量测量的	结构简单，安装方便，对介质没有要求	适于高黏度液体，低雷诺数、易结晶或易凝结以及带有沉淀物或固体颗粒的较低温度的流体的流量	

续表

流量检测仪表种类		检测原理	特　　点	用　　途
电磁流量计		利用电磁感应原理来实现流量测量	压力损失小，不受液体的物理性质和流动状态的影响，对流量变化反应速度快，但仪表测量系统复杂、成本高、易受外界电磁场干扰，使用时不能有振动	可测量酸、碱、盐等导电液体溶液以及含有固体或纤维的液体的流量
旋涡式	旋进旋涡型	利用有规则的旋涡剥离现象来测量流体的流量	精确度高、测量范围宽、没有运动部件、无机械磨损、维护方便、压力损失小、节能效果明显	可测量各种管道中的液体、气体和蒸气的流量
	卡门旋涡型			
质量流量计	量热式	利用与质量流量直接有关的原理进行测量	直接式质量流量计具有高准确度、高重复性和高稳定性特点	一般在产品核算的时候使用
	角动量式			
	振动陀螺式			
	马格努斯效应式			
	科里奥利力式			
	组合式	间接式质量流量计是用密度计与容积流量直接相乘求得质量流量的	间接式质量流量计可以测量流体的多种参数，如输出密度、相对密度、体积流量、质量流量、质量能量流量等	
	温度压力补偿式			

表 1-4　温度检测仪表的种类

测量方式	仪表名称	测温原理	特点	测量范围/℃
接触式	双金属温度计	金属热膨胀变形量随温度变化	结构简单，精度清楚，读数方便，精度较低，不能远传	−100～600 一般−80～600
	压力式温度计	气（汽）体、液体在定容条件下，压力随温度变化	结构简单可靠，可较远距离传送（<50m），精度较低，受环境温度影响大	0～600 一般 0～300
	玻璃管液体温度计	液体热膨胀体积量随温度变化	结构简单，精度高，读数不便，不能远传	−200～600 一般−100～600
	热电阻	金属或半导体电阻随温度变化	精度高，便于远传；需外加电源	−258～1200 一般−200～650
	热电偶	热电效应	测温范围大，精度高，便于远传，低温精度差	−269～2800 一般−200～1800
非接触式	光学高温计	物体单色辐射强度及亮度随温度变化	结构简单，携带方便，不破坏对象温度场；易产生目测误差，外界反射，辐射会引起测量误差	200～3200 一般 600～2400
	辐射高温计	物体辐射随温度变化	结构简单，稳定性好，光路上环境介质吸收辐射，易产生测量误差	100～3200 一般 700～2000

1.1.4　过程检测仪表的结构

检测仪表的结构通常包括三个基本部分，如图 1-3 所示。

检测传感部分一般直接与被测介质相关联，通过它感受被测变量（化工测量五大参数压力 p、物位 L、流量 F、温度 T、成分 A 等）的变化情况，并转换成便于测量的相应的电量（电流 I、电压 U、电阻 R、电容 C、电感 L、频率 f）及物理量，这部分结构又

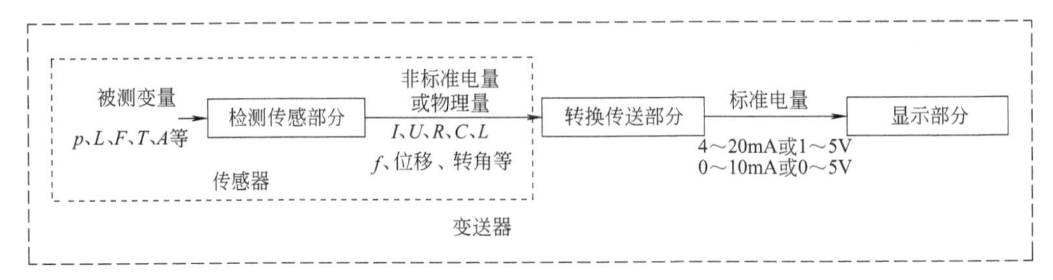

图 1-3 检测仪表的组成

称为传感器。

转换传送部分（又称信号处理部分）是把检测传感部分的信号进行放大、转换、滤波、线性化处理后变成过程控制系统能够识别并处理的标准统一信号，以推动后级显示器的工作。

显示部分将测量的结果用指针、记录笔、数字值、文字符号（或图像）的形式显示出来。由于计算机控制系统的普及，很多检测仪表取消了显示部分，测量结果直接在计算机控制系统的显示器上显示了。

能够将被测变量最终转换成标准信号显示出来的仪表称为变送器，化工过程控制大多使用这类仪表。

1.2 过程检测仪表的性能指标

自动化仪表在保证可靠工作的前提下，有一些衡量其性能优劣的基本指标，包括测量范围及量程、基本误差、精度等级、变差、灵敏度、分辨率及分辨力、线性度、反应时间、重复性稳定性、可靠性及抗干扰特性等。一台仪表的品质好坏是由它的基本性能指标来衡量的，掌握仪表的性能指标有助于我们根据不同的工况选择合适的仪表。

1.2.1 测量范围或量程

每个用于测量的仪表都有测量范围，它是该仪表按规定的精度进行测量的被测变量的范围。测量范围的最小值和最大值分别称为测量下限和测量上限，简称下限和上限。仪表的量程可以用来表示其测量范围的大小，是其测量上限值与下限值的代数差，即：

$$量程=测量上限值-测量下限值 \tag{1-1}$$

1.2.2 误差

测量值与被测量的真值之差称为误差。它用绝对误差表示。注意不要与误差的绝对值相混淆，后者为误差的模。误差值只取一个符号，非正即负。

误差的分类方法多种多样，如按误差出现的规律来分，可分为系统误差、随机误差和疏忽误差；按仪表使用的条件来分，有基本误差、附加误差；按被测变量随时间变化的关系来分，有静态误差、动态误差；按与被测变量的关系来分，有定值误差、累计误差。测量仪表常用的绝对误差、相对误差和引用误差是按照误差的数值表示来分类的。

（1）按照误差的出现规律分类

① 系统误差：在重复测量同一个参数时，常出现大小和方向保持固定，或按一定规律变化的误差，这种误差称为系统误差。

特点：大小相同，方向一致。可消除。

例：手表每天慢5s。

② 随机误差定义：各次测量误差的大小和方向没有规律性，但是若对这些误差进行大量统计，其是符合统计规律的。

特点：大小不同，方向不同。对称性、有界性和抵偿性。不可消除，但是可以用多次测量取平均值或方差等误差处理方法尽量减小。

例：一首歌曲时长1min，用一个手表测量，第一次为0′57″，第二次为1′03″，第三次为0′58″，第四次为1′02″，第五次为0′59″。

③ 疏忽误差定义：由于操作者的粗心大意或失误所造成的测量误差，称为疏忽误差。

特点：超出真实值很多，不符合实际，计算时要去掉。

例：一首歌曲时长1min，用一个手表测量，某一次1′50″。

(2) 按照误差的表现形式分类

① 绝对误差　绝对误差定义是测量值与被测量（约定）真值之差，即：

$$\text{绝对误差}=\text{测量值}-\text{被测量(约定)真值} \tag{1-2}$$

绝对误差有正、负，有单位。注意不要与误差绝对值相混，后者只能表示偏离真值的大小，不能表示偏离方向（正、负）。真值通常是无法测量的，一般把标准仪表的测量值作为真值。

② 相对误差　相对误差是测量的绝对误差与被测量（约定）真值之比，即：

$$\text{相对误差}=\frac{\text{绝对误差}}{\text{被测量真值}}\times 100\% \tag{1-3}$$

相对误差有正、负，没有单位，一般用百分数表示。

定义相对误差是为了不同测量结果的准确程度进行比较和评价。

③ 引用误差　引用误差是一种简化的和实用方便的相对误差，常常应用于多挡和连续分度的仪器仪表中，这类仪器可测量的范围不是一个点而是一个量程（范围），即引用误差为测量仪器的误差除以仪器的特定值：

$$\text{引用误差}=\frac{\text{绝对误差}}{\text{仪表的量程}}\times 100\% \tag{1-4}$$

这里量程是指标称范围内两极限之差的值。仪器仪表的准确度等级就是按引用误差值确定的。

1.2.3 精度

任何仪表都有一定的误差。因此，使用仪表时必须先知道该仪表的精确程度，以便估计测量结果与约定真值的差距，即估计测量值的大小。仪表的精确度通常是用允许的最大引用误差去掉百分号（%）及正负号（±）后的数字来衡量的。

国家规定的仪表精度等级有：

标准仪表——Ⅰ级标准表——0.01、0.02、(0.03)、0.05；

实验室仪表——Ⅱ级标准表——0.1、0.2、(0.25)、(0.3)、(0.4)、0.5；

工业仪表——一般工业用仪表——1.0、1.6、(2.0)、2.5、4.0、5.0。

共 16 个，其中括号里的 5 个不推荐使用，依据标准为 GB/T 13283—2008《工业过程测量和控制用检测仪表和显示仪表精确度等级》。

仪表精度等级值越小，精确度越高，就意味着仪表既精密、又准确，即随机误差和系统误差都小。精度等级确定后，仪表的允许误差也就随之确定了。

确定仪表的精度等级时数值向高靠；选择仪表的精度等级时数值向低靠。

1.2.4 变差

测量仪表的输出量随着输入量的增加而增加的过程称为仪表的升行程（正行程），反之称为降行程（反行程）。

变差也叫回差，用来表示测量仪表的恒定度。变差说明了仪表的正向（上升）特性与反向（下降）特性的不一致程度。

它的绝对表示法为：

$$\Delta' = X_{上} - X_{下} \tag{1-5}$$

要求：一个合格的仪表，除了要求仪表的最大绝对误差不能大于仪表的允许误差，同时要求其最大变差也不能大于仪表的允许误差。即：

$$|\Delta'_{max}| \leqslant |\Delta_{表允}| \qquad 且 \qquad |\delta'_{引max}| \leqslant |\delta_{表允}|$$

造成变差的原因很多，如传动机构间存在的间隙和摩擦力、弹性元件的弹性滞后等。

1.2.5 灵敏度及灵敏限

灵敏度是表征仪表对被测变量变化的灵敏程度的指标。用稳定状态下，仪表指针的线位移或角位移与引起该位移的被测变量的变化量的比值来表示，多为模拟仪表的衡量指标。

$$S = \frac{\Delta y}{\Delta x} \tag{1-6}$$

例：1kg 蔬菜挂在弹簧秤上，弹簧秤伸长 10cm，则灵敏度为：

$$S = \frac{\Delta y}{\Delta x} = \frac{10\text{cm}}{1\text{kg}} = 10\text{cm/kg}$$

对同一类仪表，标尺刻度确定后，仪表的测量范围越小，灵敏度越高，但并不意味着仪表的精度高。所以一般规定仪表标尺的分度值不小于仪表最大允许绝对误差。

灵敏限是指能引起仪表指示值发生变化的被测量的最小改变量。一般来说，灵敏限的数值不应大于仪表最大允许绝对误差的一半，多为数字仪表的衡量指标。

例：某电子秤，放 4 粒大米时，电子秤的最后一位由 0 变为 1，则 4 粒大米的质量就是该电子秤的灵敏限。

1.2.6 分辨力及分辨率

分辨力是指显示装置能有效辨别的最小的示值差，即灵敏限。如对数字式显示装置，当变化一个末位有效数字时其示值的变化。

计量仪器指示装置的分辨率，是指示装置可以有意义地辨别所指示的紧密相邻量值的能力。

一般认为模拟式指示装置的分辨率为标尺间隔的一半；数字式指示装置的分辨率为最后

一位数的一个字。

1.2.7 稳定性

在规定工作条件内，仪表某些性能随时间保持不变的能力称为稳定性。仪表稳定性是仪表工十分关心的一个性能指标。衡量或表征仪表稳定性现在尚未有定量值，目前通常用仪表零点漂移来衡量仪表的稳定性。

一般有如下认定：仪表投入运行一年之中零点没有漂移，说明这台仪表稳定性好，相反仪表投入运行不到3个月，仪表零点就漂移了，说明仪表的稳定性不好。仪表稳定性的好坏直接关系到仪表的使用范围，有时直接影响生产。仪表稳定性不好，仪表维护量大，占用人力多。

此外仪表的性能指标还包括复现性、平均无故障时间（MTBF）、可靠性及抗干扰特性等，这里不再详细叙述。

任务1

过程检测仪表的认识及巡检

仪表工一般有自己所管辖仪表的巡检范围，根据所管辖仪表分布情况，按照仪表的位号，选定最佳巡检路线，每天至少巡检两次。巡回检查时，仪表工应向操作人员了解当班仪表运行情况，及时处理仪表运行中出现的问题。巡检时大致包括以下几个方面（不同的企业会有不同的要求）。

查看仪表指示，记录是否正常，现场一次仪表指示和控制室显示仪表、调节仪表指示值是否一致，调节器输出指示和调节阀阀位是否一致；查看仪表电源（若电动Ⅲ型仪表用24V DC电源），要检查电源是否在规定范围内，气源（0.14MPa）是否达到额定值；检查仪表保温、伴热状况；检查仪表本体和连接件损坏和腐蚀情况；检查仪表和工艺接口泄漏情况；查看仪表完好状况，仪表完好状况可参照《设备维护检修规程》进行检查等任务。流体输送工段仪表巡检记录见表1-5。

表1-5　流体输送工段仪表巡检记录

序号	位号	仪表名称	型号	量程	精度	制造厂	出厂编号	运行情况

扩展内容

1.3 仪表防尘、防爆等级

1.3.1 防尘等级

在确定仪器仪表众多标准时常常遇到防护等级 IP 这一标准，那么何为防护等级以及它后面的数字代表什么呢？

防护等级系统 IP（International Protection）是由 IEC 组织起草和制定的。该系统将仪器仪表依其防尘、防湿气等特性加以分级。IP 防护等级由两个数字所组成，第 1 个数字表示仪器仪表和电器防尘、防止外物侵入的等级，第 2 个数字表示仪器仪表和电器防湿气、防水侵入的密闭程度，数字越大表示其防护等级越高。

（1）第一个数字的意义

为 0 表示没有防护，对外界的人或物无特殊防护；为 1 表示防止＞50mm 的固体物体侵入，防止人体（手掌）因意外而接触到电器内部的零件，防止＞50mm 的外物侵入；为 2 表示防止＞12mm 的固体物体侵入，防止人体（手指）因意外而接触到电器内部的零件，防止＞12mm 的外物侵入；为 3 表示防止＞2.5mm 的固体物体侵入，防止＞2.5mm 的细小外物接触到电器内部的零件；为 4 表示防止＞1.0mm 的固体物体侵入，防止＞1.0mm 的微小外物接触到电器内部的零件；为 5 表示防尘，完全防止外物侵入，且侵入的灰尘量不会影响电器的正常工作；为 6 表示防尘，完全防止外物侵入，且可完全防止灰尘侵入。

（2）第 2 个数字的意义

为 0 表示没有防护；为 1 表示防止滴水侵入，垂直滴下的水滴不会对电器造成有害影响；为 2 表示倾斜 15°时仍可防止滴水侵入，仪器仪表和电器倾斜 15°时滴水不会对电器造成有害影响；为 3 表示防止喷洒的水侵入，防雨，或防止与垂直＜60°方向所喷洒的水侵入仪器仪表和电器造成损坏；为 4 表示防止飞溅的水侵入，防止各方向飞溅的水侵入仪器仪表和电器造成损坏；为 5 表示防止喷射的水侵入，防止各方向喷射的水侵入仪器仪表造成损坏；为 6 表示防止大浪侵入，防止大浪侵入安装在甲板上的仪器仪表和电器造成损坏；为 7 表示防止浸水时水的侵入，仪器仪表和电器浸在水中一定时间或在一定标准的水压下，能确保仪器仪表和电器不因进水而造成损坏；为 8 表示防止沉没时水的侵入，仪器仪表和电器无限期地沉没在一定标准的水压下，能确保仪器仪表不因进水而造成损坏。

因此防护等级最高的为 IP68。

1.3.2 防爆等级

防爆等级的划分标准，包含了防爆的概念、防爆的标准、防爆区域的划分、防爆标志的含义以及一些防爆术语、防爆的基本原理、爆炸的概念。防爆问题是石化企业重中之重的问题。

爆炸是物质从一种状态，经过物理或化学变化，突然变成另一种状态，并放出巨大的能量。急剧速度释放的能量，将使周围的物体遭受到猛烈的冲击和破坏。

爆炸必须具备以下三个条件。

① 爆炸性物质：能与氧气（空气）反应的物质，包括气体、液体和固体（气体包括氢气、乙炔、甲烷等；液体包括酒精、汽油；固体包括粉尘、纤维粉尘等）。

② 氧气：空气。

③ 点燃源：包括明火、电气火花、机械火花、静电火花、高温、化学反应、光能等。

如防爆等级符号 ExdⅡC T4。Ex 为 explosion-proof 防爆的英文缩写；防爆标识 d 是防爆形式，“d”是指隔爆型；ⅡC 为防爆等级划分，主要分为Ⅰ类（矿用）、Ⅱ类（厂用），其中Ⅱ类又分为ⅡA、ⅡB、ⅡC（A＜B＜C）；T4 为温度组别（T1～T6）。

（1）防爆标识

隔爆型电气设备（d）：是指把能点燃爆炸性混合物的部件封闭在一个外壳内，该外壳能承受内部爆炸性混合物的爆炸压力并阻止和周围的爆炸性混合物传爆的电气设备。

增安型电气设备（e）：正常运行条件下，不会产生点燃爆炸性混合物的火花或危险温度，并在结构上采取措施，提高其安全程度，以避免在正常和规定过载条件下出现点燃现象的电气设备。

本质安全型电气设备（i）：在正常运行或在标准试验条件下所产生的火花或热效应均不能点燃爆炸性混合物的电气设备。

无火花型电气设备（n）：在正常运行条件下不产生电弧或火花，也不产生能够点燃周围爆炸性混合物的高温表面或灼热点，且一般不会发生有点燃作用的故障的电气设备。

防爆特殊型（s）：电气设备或部件采用 GB 3836 未包括的防爆形式时，由主管部门制定暂行规定。

（2）气体组别

Ⅰ类为矿用；Ⅱ类为厂用；ⅡA、ⅡB、ⅡC 为最小引爆火花气体能量等级划分，一般ⅡA＜ⅡB＜ⅡC。气体分组和点燃温度，在一定环境温度和压力下与可燃性气体和空气的混合浓度有关。相对来说ⅡC 更安全，等级更高一些。

（3）温度组别

这是与气体点燃温度有关的电气设备（假定环境温度为 40℃时）的最高表面温度，点燃能量与点燃温度无关。表 1-6 列出了不同标准下设备表面允许的最高温度，相对来说 T1 的安全等级更高一些。

表 1-6 气体温度组别的划分

最高表面温度/℃	温度组别	
	IEC 79-8	GB 3836-1
450℃	T1	T1
300℃	T2	T2
200℃	T3	T3
135℃	T4	T4
100℃	T5	T5
85℃	T6	T6

思考练习

1-1　判断以下情况产生的误差属于系统误差、随机误差、粗大误差的哪一种?

(1) 用一只普通万用表测量同一个电压，每隔10min测一次，重复测量10次，数值相差造成误差。

(2) 用普通万用表测量电阻值时，如果没有反复调整零点而造成的误差。

(3) 看错刻度线造成误差。

(4) 使用人员读数不当造成视差。

(5) 仪表安装位置不当造成误差。

(6) 差压变送器承受静压变化造成误差。

(7) 因精神不集中而写错数据，造成误差。

(8) 仪表受环境条件（温度? 电源电压）变化造成误差。

(9) 选错单位或算错数字，造成误差。

(10) 标准电池的电势值随环境温度变化造成误差。

1-2　一个测量范围是－100～400℃、0.5级精度的温度计，其允许的绝对误差是多少?

1-3　一台精度为0.5级的温度显示仪表，下限刻度为负值，为全量程的25%，该仪表在全量程内的最大允许绝对误差为1℃，求该刻度的上、下限及量程各为多少?

1-4　某仪表的测量范围为—200～600℃，仪表的精度为0.5级，在600℃该仪表指示为603℃，问该仪表是否合格?

1-5　现有一台精度等级为0.5级的测温仪表，量程为0～1000℃，在正常情况下进行校验，其最大绝对误差为6℃，问该仪表的最大允许误差是多少? 此表精度等级是否合格?

1-6　压力表刻度0～100kPa，在50kPa处误差最大，检定值为49.2kPa，求在50kPa处仪表示值的绝对误差、示值相对误差和示值引用误差。并确定仪表的精度等级。

1-7　某压力表刻度0～160kPa，在100kPa处误差最大，检定值为99.4kPa，求在100kPa处仪表示值的绝对误差、示值相对误差和示值引用误差。并确定仪表的精度等级。

项目二

压力检测仪表的认识及使用

压力是化工生产过程中的重要工艺参数之一，一些生产过程是在一定压力下进行的，压力的变化既影响物料平衡又影响化学反应速度，进而影响产品的质量和产量，所以必须严格遵守工艺操作规程，保持一定的压力，才能保证产品的质量和产量，使生产正常运行。

在化工生产过程中，由于工艺条件不同，有的设备需要高压（例如高压聚乙烯要在1.47×10^8Pa高压下聚合，氨的合成要在30.38×10^6Pa的高压下进行）；有的设备需要低压，甚至在真空条件下进行（例如，炼油厂的减压精馏就是如此）；同时，生产介质具有高温、低温、强腐蚀、易燃、易爆等特点。因此，为了保证化工生产始终处于优质高产、安全低耗以获得最佳的经济效益，对压力进行检测和控制则是十分重要的。

任务描述

仪表的校验是仪表维修工的另一项基本工作，企业在进行大修时要将装置上的所有仪表进行从新校验和标定，对于不合格的仪表要进行淘汰和更换，针对项目一的原料配比工段中压力检测仪表进行维护和检修，并对其中典型的压力检测仪表——弹簧管压力表和EJA智能差压变送器进行校验，经过校验合格的仪表再重新安装到管道及装置上。

必备知识

2.1 压力检测技术概述

检测压力的仪表称为压力表或压力计。依生产工艺的不同要求，分为指示型、记录型、远传变送型、指示报警型、指示调节型等。

2.1.1 压力的基本概念

“压力”定义为垂直均匀地作用于单位面积上的力，实际上是物理概念中的压强。

$$P=F/S$$

压力有几种不同的表现形式，常把被测介质作用在单位面积上的全部的力称为绝对压力$P_{绝对}$，而把超出当地大气压$P_{大气}$的压力称为表压力$P_{表}$。

$$P_{绝对}=P_{表}+P_{大气}$$

$$P_{表}=P_{绝对}-P_{大气}$$

由于工业生产过程中使用的压力测量仪表一般都处于大气压之中，所以仪表的指示值均是指被测压力超出大气压的数值，即表压力 $P_{表}$。

从绝对压力与大气压力之差的正负，表压力又分

正压力：$P=P_{绝对}-P_{大气}>0$

负压力：$P=P_{绝对}-P_{大气}<0$，它的绝对值数又称为真空度。

差压力是任意两个压力互相比较之差值，即 $\Delta P=P_1-P_2$。在测量差压的仪表中往往把压力高的一端称为正压室，压力低的一端称为负压室。而当负压室和大气连通时，差压变送器测得的就是表压力。

2.1.2 压力的单位

目前我国的压力测量单位以国际单位制为主，又辅以某些并用单位。国际单位制中压力的单位是牛顿/米^2，称为帕斯卡，简称帕，表示符号为 Pa，即 1N 的力，垂直作用在 1m^2 的面积上所产生的压力值为 1Pa。在实际使用中根据压力测量值的大小还采用千帕（kPa）、兆帕（MPa）、毫帕（mPa），其换算关系为：

$$1MPa=10^6Pa;1kPa=10^3Pa;1mPa=10^{-3}Pa$$

压力单位还有一些气体表示方法，如毫米水柱（mmH_2O）、毫米汞柱（mmHg）、工程大气压、物理大气压，这些单位在初高中的物理课里面都已经介绍过，这里不再强调。

2.1.3 压力测量的意义

压力是工程生产过程中的重要参数之一，因此，正确地检测和控制压力是保证工艺生产过程良好运行、达到优质高产、低消耗和安全生产的重要的环节。特别是在化工生产过程中的一些化学反应操作工艺中，压力既影响物料平衡，又影响化学的反应速度，所以严格工艺操作规程，保持在一定的压力，才能保证生产的正常运行。在生产过程中，所遇到的工艺条件既有比大气压高几百倍的压力，也有比大气压低很多的真空度，还有工艺设备某两处的压力差等。有些工艺生产过程以压力或差压的测量来反应液位、流量等参数的变化，因此为了保证生产过程始终处于优质、高产、安全、低耗而获得最好的技术经济指标，对压力进行精确的检测和控制有着十分重要的意义。

用于检测超过大气压力的仪表常称为压力表或压力计，用于检测真空度的仪表常称为真空表或负压计，用于检测设备某两处压力差的仪表称为压差计。根据生产工艺的不同要求，测压仪表可对被测压力进行指示、记录、运传、报警、控制等。

2.2 弹性式压力检测仪表

2.2.1 弹性元件

弹性式压力计是依据弹性元件受压变形后产生的弹性反作用力与被测压力相平衡，然后测量弹性元件的变形量大小可知被测压力的大小。目前的弹性元件主要有以下几种。

① 膜片：膜片有平面膜片和波纹膜片两种。波纹膜片应用较广，因为它有较好的特性及灵敏度。而平面膜片刚度大，位移小，非线性大。

② 膜盒：把两个膜片焊接在一起，就成了膜盒。很多压力变送器的感压元件就是膜盒，

膜盒按其结构特征可分为开口膜盒、真空膜盒和填充膜盒三种。

③ 波纹管：波纹管又称为波纹箱，它是一种表面上有许多同心环状形皱纹的薄壁圆管。它的灵敏度要比膜片高，其缺点是迟滞值较大。因而在作压力敏感元件时，通常带有刚度比它大 5～6 倍的弹簧一起使用。

④ 弹簧管：很多就地显示压力表的测量元件就是弹簧管，其可用于高、中、低压的测量，应用十分广泛。

下面详细介绍弹簧管压力表的相关内容。

弹簧管压力表是目前应用最广的一种测压仪表，它具有结构简单、价格便宜、测量范围大、精度高、刻度均匀等特点。弹簧管压力表主要由弹簧管、齿轮传动机构、示数装置（指针和刻度盘）以及外壳等几个部分组成，转动轴外装有游丝以消除齿轮啮合处的间隙所产生的仪表变差。

工业中使用的弹簧管压力表，其精度等级一般为 0.16～2.5 级，而作标准的有 0.16、0.25、0.4 级三种。

2.2.2 弹簧管压力表的结构

弹簧管压力表的结构及工作原理

单圈弹簧管压力表是弹性式压力表中的一种。因其测压范围宽、测量精度较高、仪表刻度均匀、坚固耐用，所以应用非常广泛。它主要用于现场的压力指示，图 2-1 为其外形，图 2-2 为其结构。

图 2-1　弹簧管压力表外形

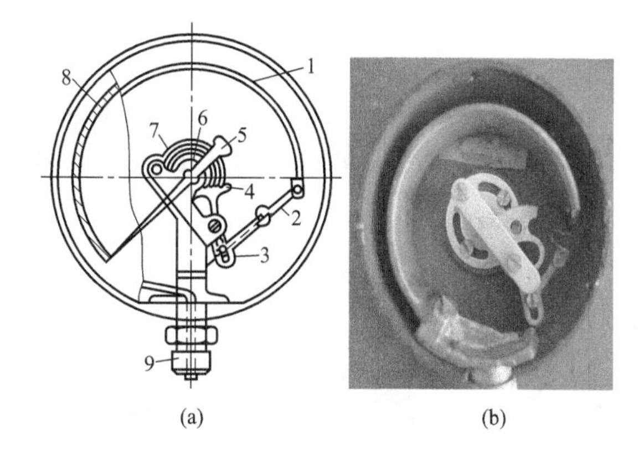

图 2-2　单圈弹簧管压力表结构

1—弹簧管；2—拉杆；3—调整螺钉；4—扇形齿轮；5—指针；6—中心齿轮；7—游丝；8—面板；9—接头

2.2.3 弹簧管压力表测压原理

弹簧管压力表的主要工作原理是将压力的变化转换成弹簧管的形变，通过一系列的传动装置带动表盘上的指针从而显示出被测压力。具体工作原理如下（如图 2-2 所示）：

压力 P $\xrightarrow{\text{接头 9}}$ 弹簧管自由端逆时针转动 $\xrightarrow{\text{拉杆 2}}$ 扇形齿轮 4 逆时针转动 →

仪表盘上显示数据 ← 仪表表针顺时针转动 ← 中心齿轮顺时针转动

2.2.4 弹簧管压力表的种类

弹簧管的材料根据被测介质的性质和被测压力高低决定。当 $P<20\text{MPa}$ 时采用磷青铜；$P>20\text{MPa}$ 时则采用不锈钢或合金钢；测量氨气压力时必须采用能耐腐蚀的不锈钢弹簧管；测量乙炔压力时不得用铜质弹簧管；测量氧气压力时则严禁沾有油脂，否则将有爆炸危险。

为了表明压力表具体适用于何种特殊介质的压力测量，压力表的外壳标有不同的色标颜色，并且在仪表面板上注明特殊介质的名称，用于测量氧气的压力表还标有“禁油”字样。具体色标颜色与适用测量特殊介质的对应关系，如表 2-1 所示。

表 2-1 特殊介质弹簧管压力表的色标

被测介质	氧气	氢气	氨气	氯气	乙炔	可燃气体	惰性气体或液体
色标颜色	天蓝	深绿	黄色	褐色	白色	红色	黑色

2.3 电气式压力检测仪表

随着生产的不断发展，对压力检测仪表的测量精度、测量范围、动态性能及远距离传递等都提出了更高的要求，为了满足上述要求，各种电气式压力表得到广泛应用。变送器是自动控制系统中的一个重要组成部分，在各种工业过程自动控制系统中，变送器对温度、压力、液位、流量、成分等物理量进行测量，并转换成统一的标准信号。

电气式压力检测仪表按照测量原理不同，分为扩散硅式压力传感器、应变式压力传感器、电容式压力传感器、电感式压力传感器、压电式压力传感器、霍尔式压力传感器等，其中在企业现场使用的变送器采用的测量元件以扩散硅式压力传感器和电容式压力传感器更多一些。

2.3.1 信号制

2.3.1.1 信号制

在控制系统中，各种仪表的输入/输出之间要相互连接，这就需要有统一的标准联络信号才能方便地把各个仪表组合起来，构成各种控制系统。所以，在设计自动化仪表和装置时，要做到通用性和相互兼容性，就必须统一仪表的信号制式。信号制式即信号标准，是指仪表之间采用的传输信号的类型和数值。目前仪表的信号制可分为电动仪表和气动仪表，具体见表 2-2。

表 2-2 各种仪表信号制标准及特点

	电动仪表		气动仪表
	DDZ-Ⅱ型	DDZ-Ⅲ型	QDZ 型
能源	220V AC	24V DC	140kPa
传输信号	电压、电流(四线制)	电压、电流、数字(二线制)	气压
标准	0～5V DC 或 0～10mA DC	1～5V DC 或 4～20mA DC	20～100kPa
特点	电源取用方便,信号传输处理容易,便于集中显示和操作,可与微机联用		结构简单、性能稳定、可靠性高、易于维护,安全防爆

2.3.1.2　线制

变送器是现场仪表，其供电电源来自控制室，而且两输出信号又要传送到控制室去。变送器的信号传送和供电方式通常有两种。

（1）二线制信号传输方式

对于二线制变送器，与变送器连接的导线只有两根，这两根导线同时传输供电电源和输出信号，如图 2-3 所示。可见，电源、变送器和负载电阻是串联的。二线制变送器相当于一个可变电阻，其阻值由被测变量控制。当被测变量改变时，变送器的等效电阻随之变化，因此流过负载的电流也变化。

（2）四线制信号传输方式

供电电源与输出信号分别用两根导线传输，其接线方式如图 2-4 所示。这样的变送器称为四线制变送器。DDZ-Ⅱ系列仪表的变送器采用这种接线形式。由于电源与信号分别传送，因此对电流信号的零点及元件的功耗没有严格的要求。供电电源可以是交流（220V）电源或直流（24V）电源，输出信号可以是死零点（0～10mA）或活零点（4～20mA）。

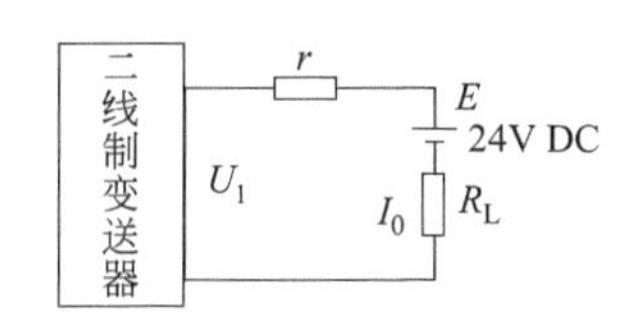

图 2-3　二线制信号传输方式

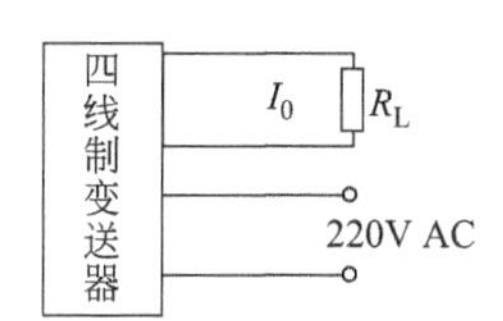

图 2-4　四线制信号传输方式

（3）二线制的优点

① 二线制变送器同四线制变送器相比，具有节省连接电缆、有利于安全防爆和抗干扰等优点。

② 二线制采用活零点的电流信号，可以方便判别仪表的故障状态。

2.3.2　电容式差压变送器

1151 系列电容式压力（差压）变送器是目前工业生产过程中应用最为典型而又非常成熟的一种电气式压力检测仪表。它是 20 世纪 70 年代由美国艾默生旗下的罗斯蒙特公司研制的。我国西安仪表厂于 1981 年引进，型号命名为 1151；北京电表厂 1984 年引进，型号命名为 1751。电容式差压变送器具有结构简单、体积小、动态性能好、电容相对变化大、灵敏度高等优点。

2.3.2.1　结构及组成

1151 系列电容式压力（差压）变送器为二线制传输仪表，它由测量和转换两部分组成。测量部分包括有电容膜盒、高低压测量室、法兰组件等。作用是将被测压力、差压等非电量参数转换成与电容有关的中间电量参数。转换部分由测量电路组件和电气壳体组成，其作用是将中间电量参数转换成标准的 4～20mA DC 电流或 1～5V DC 电压的输出，并附有调零、调量程、调阻尼、调迁移量等各种功能装置。其具体外形及结构分解如图 2-5 所示。

2.3.2.2　测量原理

电容式差压变送器的工作原理见图 2-6。

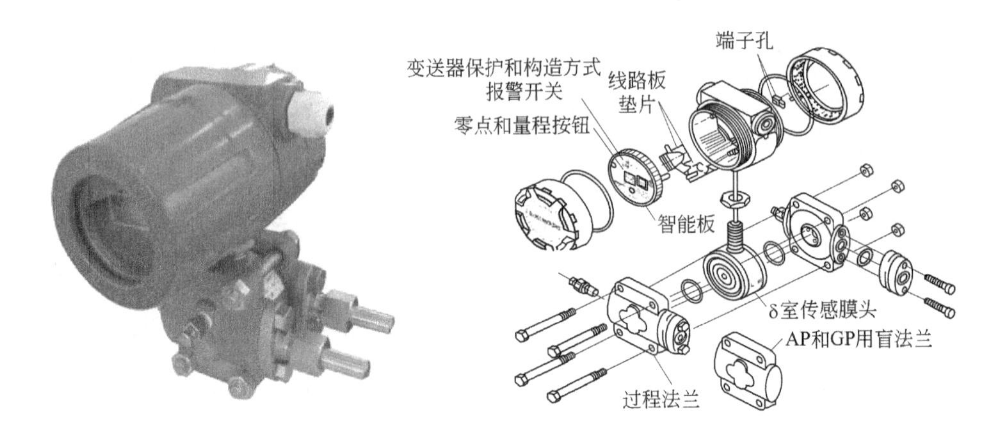

图 2-5 1151 系列电容式压力（差压）变送器外形及结构分解图

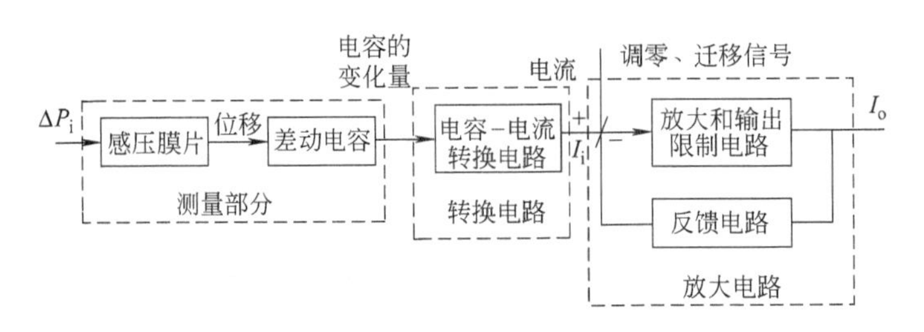

图 2-6 电容式差压变送器的工作原理

（1）测量部分

1151 系列变送器的检测部件是一差动电容膜盒，称为 δ 室，具体结构如图 2-7 所示。具体工作原理如下：

$$\Delta P_i \xrightarrow{\text{正负压室}} \text{正负侧隔离膜片} \xrightarrow{\text{硅油}} \text{中心感压膜片} \rightarrow \Delta S \rightarrow C_H \downarrow C_L \uparrow$$

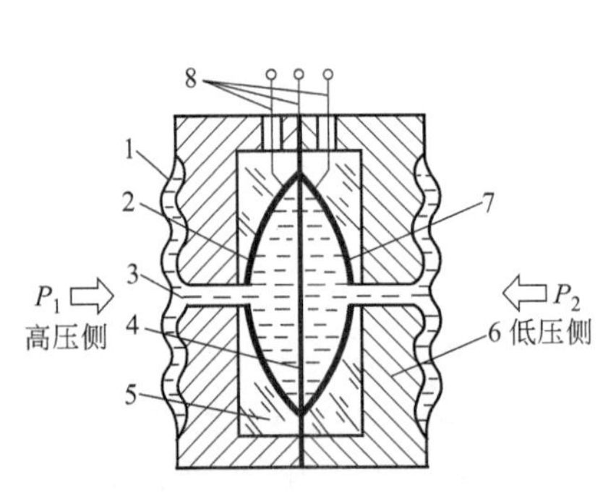

图 2-7 差动电容膜盒

1—隔离膜片；2,7—固定弧形电极；3—硅油；
4—测量膜片；5—玻璃体；6—底座；8—引线

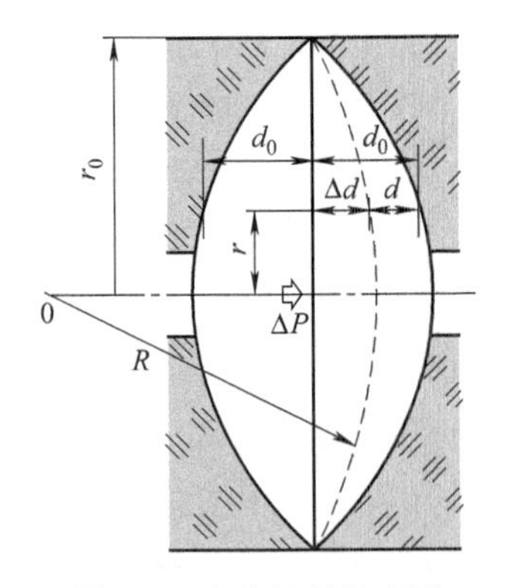

图 2-8 电容极板的变形

在正常情况下，测量膜片的变形量很小（正常的压力使膜片偏移约 0.025mm，最大位移量不超过 0.1mm），但当电容膜盒承受过载压力或承受单向压力时，测量膜片将紧贴在与其吻合的基座波纹上，防止工作液流动，保证测量膜片不会产生太大的变形而损坏，起到过载保护的作用。

① 差压-位移转换　当差压 $\Delta P=P_1-P_2=0$ 时，中心测量膜片与两侧弧形固定电极极板之间距离相等，设为 d_0。当差压 $\Delta P\neq0$ 时，在半径为 r 处的位移距离为 Δd，电容极板的变形情况如图 2-8 所示。由于位移量很小，可近似认为 ΔP 与 Δd 成比例变化，即：

$$\Delta d=\frac{(r_0^2-r^2)}{4\delta}\Delta P=K_1\Delta P \tag{2-1}$$

式中，r_0 为膜片半径；δ 为膜片张力；K_1 为比例系数。

② 位移-电容转换图　在差压 ΔP 作用下，测量膜片在与左、右固定电极间的距离由原来的 d_0 变为 $d_1=d_0+\Delta d$ 和 $d_2=d_0-\Delta d$。实际情况下，由于 Δd 极小，仍可以将差动电容看做平板电容来处理。根据平行板电容公式，有

$$C=\frac{\varepsilon A}{d} \tag{2-2}$$

式中，ε 为电容器极板间介质的介电常数，F/m；A 为电容器两极板覆盖的面积，m^2；d 为电容器两极板间的距离，m；C 为电容器的电容量，F。

则两个电容可分别写成：

低压侧电容：

$$C_L=\frac{\varepsilon A}{d_0-\Delta d} \tag{2-3}$$

高压侧电容：

$$C_H=\frac{\varepsilon A}{d_0+\Delta d_0} \tag{2-4}$$

由式(2-2)～式(2-4)，可得出差压 ΔP 和差动电容 C_L、C_H 的关系如下：

$$\frac{C_L-C_H}{C_L+C_H}=\frac{\Delta d}{d_0}=\frac{K_1}{d_0}\Delta P=K\Delta P \tag{2-5}$$

式中，$K=K_1/d_0$ 是一个常数。

由式(2-5) 可知，K 是由电容结构、尺寸、材料等因素决定的；差动电容的相对变化量 $\frac{C_L-C_H}{C_L+C_H}$ 与输入差压 ΔP 呈线性关系，与介电常数 ε 无关，因而变送器基本不受温度变化的影响；转换部分的任务是将 $\frac{C_L-C_H}{C_L+C_H}$ 转换为 4～20mA 电流输出。

（2）转换部分

图 2-9 所示为 1151 系列 E 型变送器的测量转换电路的框图。

① 转换部分的作用：是将差动电容相对变化量提取出来，并转换成 4～20mA 标准的电流输出信号，还可实现零点调整、量程调整、阻尼调整等功能。

② 转换部分的组成：差动电容差压变送器的转换部分由电容-电流转换电路、电流放大电路两部分组成。

2.3.3 扩散硅压力变送器

由于单晶硅具有优良的物理力学性能。滞后蠕变极小，稳定性好。随着微机械制造技术

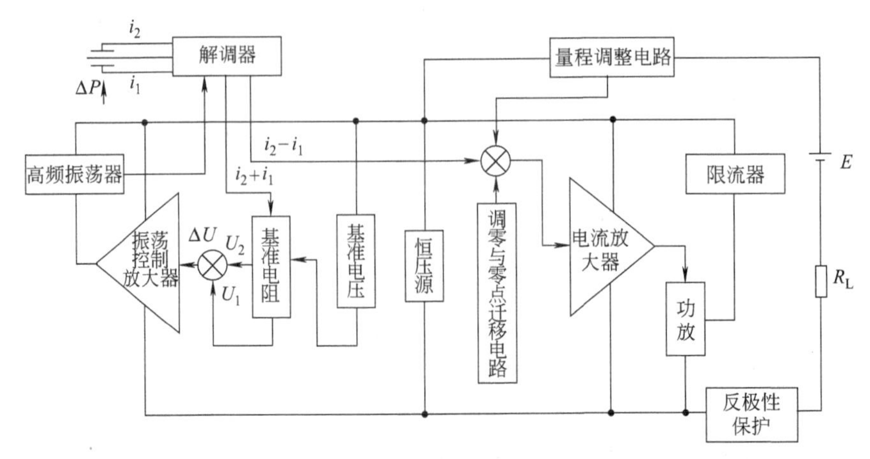

图 2-9　电容式差压变送器转换电路框图

的进步，扩散硅压阻传感器逐年得到广泛的应用。扩散硅压力变送器采用具有国际先进技术的进口陶瓷传感器，再配以高精密电子元件，经严格要求的工艺过程装配而成。压力变送器与使用的常规压力变送器相比，有两个显著不同的技术差别：一是测量元件采用新兴的高精密陶瓷材料；二是测量元件内无中介液体，是完全固体的。

应力作用到半导体硅片上，其产生形变，电阻率发生变化。受压电阻率变小，受拉电阻率变大，称为压阻效应。

扩散硅压力变送器的传感器是硅杯压阻传感器，整个检测元件由两片研磨后胶合成的硅片组成。在硅杯上制作压阻元件，利用金属丝将压阻元件引接到印制电路板上。硅杯两面浸在硅油中，硅油与被测介质间有金属隔离膜片分开。被测差压引入测量元件后，通过金属膜片和硅油传递到硅杯上，压阻元件的电阻值发生变化。其传感器结构如图 2-10 所示。

在硅片上用离子注入和激光修正法形成 4 个阻值相等的扩散电阻，连接成惠斯顿电桥形式，如图 2-11 所示。其中 R_B 和 R_C 受压，R_A 和 R_D 受拉。电桥由电流源供电。通过 MEMS 技术在膜片上形成压力室，与取压口相通，另一侧与大气相连。桥路输出电压 U_0 和膜片受压力差成正比。

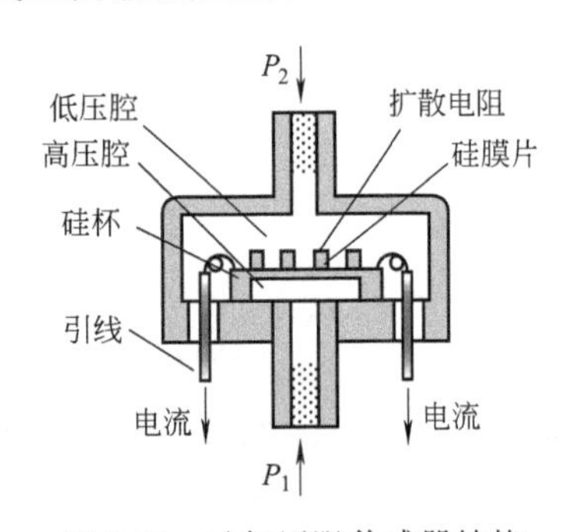

图 2-10　硅杯压阻传感器结构

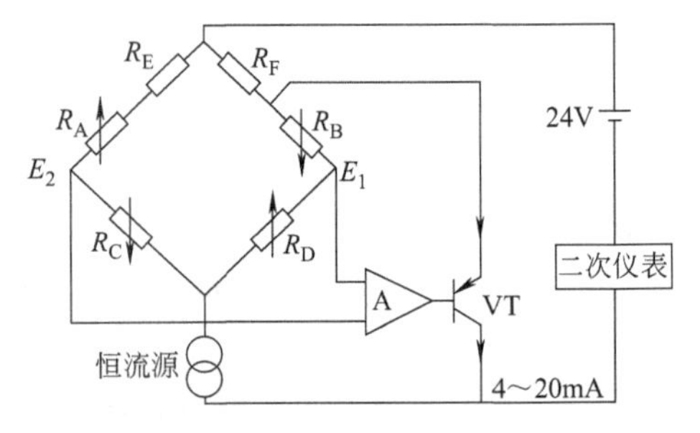

图 2-11　扩散硅压力变送器电路原理

2.4　智能压力检测仪表

智能变送器就是在普通模拟式变送器的基础上增加微处理器而构成的一种智能式检测仪

表，其性能更高，使用的灵活性更强。目前市场上使用比较多的智能差压变送器主要是日本横河的EJA系列智能差压变送器、美国Rosemount公司生产的3051系列智能差压变送器以及美国Yamatake-Honeywell公司的ST3000系列智能差压变送器。

从整体上看，智能差压变送器由硬件和软件两大部分组成。硬件部分包括传感器部分、微处理器电路、输入输出电路、人-机联系部件等；软件部分包括系统程序和用户程序。不同品种和不同厂家的智能差压变送器的组成基本相同，只是在传感器类型、电路形式、程序编码和软件功能上有所差异。

2.4.1 智能差压变送器的特点

① 测量精度高，基本误差仅为±0.075%或±0.1%，且性能稳定、可靠、响应快。

② 具有温度、静压补偿功能以保证仪表的精度。

③ 具有较大的量程比（20∶1至100∶1）和较宽的零点迁移范围。

④ 输出模拟、数字混合信号或全数字信号（支持现场总线通信协议）。

⑤ 除有检测功能外，智能变送器还具有计算、显示、报警、控制、诊断等功能，与智能执行器配合使用，可就地构成控制回路。

⑥ 利用手持通信器或其他组态工具可以对变送器进行远程组态。

2.4.2 EJA智能差压变送器

2.4.2.1 结构特点

DPharp EJA差压变送器（Differential Pressure/Pressure high accuracy resomamt sensor pressure transmitter）是由日本横河电机株式会社于1994年最新开发的高性能智能差压变送器，采用了世界上最先进的单晶硅谐振式传感器技术，自投放市场以来，以其优良的性能受到客户好评。

EJA系列智能差压变送器率先采用了真正的数字化传感器——单晶硅谐振式传感器，开创了变送器的新时代，实现了在传感器部分消除机械电气干扰及环境温度变化、静压与过压影响，同时，转换部分的CPU经软件处理与数据补偿，保证了EJA系列变送器的高精度与长期稳定性。其实物如图2-12所示。它由膜盒组件和智能电气转换部件两大部分组成。其结构原理如图2-13所示。

图2-12　EJA变送器实物

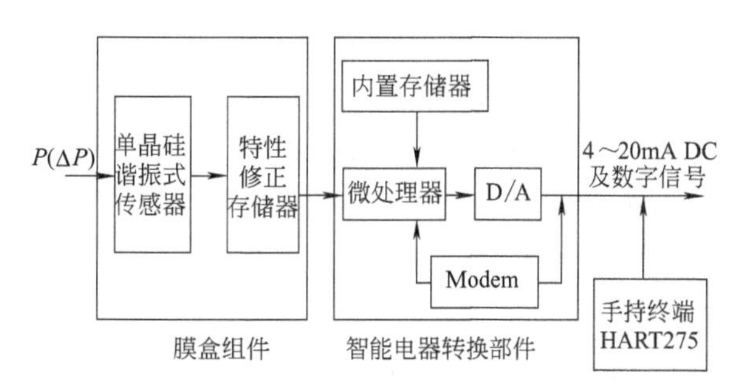

图2-13　DPharp EJA智能变送器的结构原理

2.4.2.2 工作原理

单晶硅谐振式传感器，采用微电子机械加工技术（MEMS），在一个单晶硅芯片表面的中心和边缘制作两个形状、尺寸、材质完全一致的 H 形状谐振梁，如图 2-14 所示，其工作原理如图 2-15 所示。

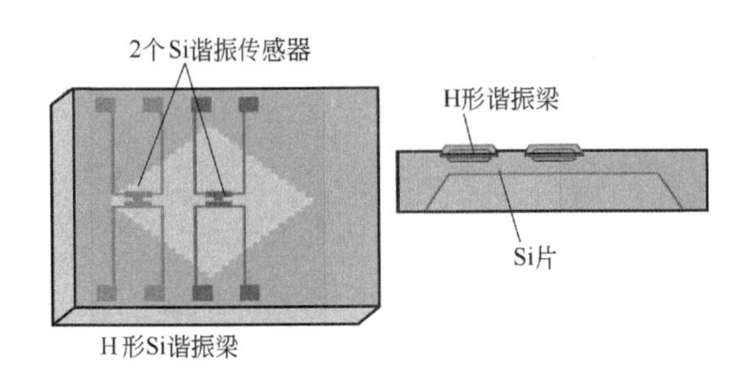

图 2-14 单晶硅谐振式传感器结构

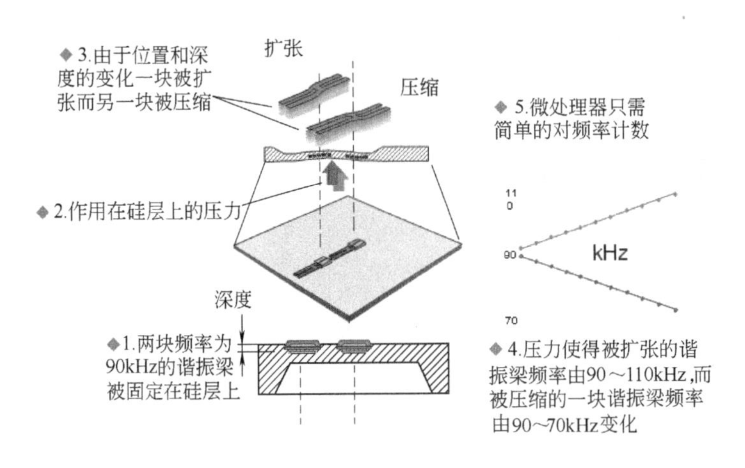

图 2-15 单晶硅谐振式传感器工作原理

在励磁电流作用下，谐振梁在自激振荡回路中作高频振荡。变送器的被测差压施加在硅片两侧，当被测压差为零，单晶硅不受压，两个谐振梁的谐振频率相等。当变送器接收到被测压差信号，单晶硅片的上下表面受到的压力不等时，单晶硅片将产生微小的形变，导致中心谐振梁因受压缩力而使频率 f_c 减小，边缘谐振梁因受拉伸力而使频率 f_r 增加，由差压变化而形成的两个谐振梁频率变化的特性如图 2-15 所示。两频率之差信号直接送到 CPU 进行数据处理，然后经 D/A 转换成与输入信号对应的 4～20mA 输出信号，并在模拟信号上叠加一个 BRAIN/HART 数字信号进行通信。或者直接输出符合现场总线（Fieldbus Foundation TM）标准的数字信号。

2.4.2.3 EJA 变送器的组态

EJA 智能差压变送器的通信协议有两种：其一是 BRAIN 协议，其配套使用的智能终端是日本横河生产的 BT200；其二是 HART 协议，配套使用的智能终端为美国罗斯蒙特公司生产的 HART 475 等。其具体组态菜单见附录，一些常见的组态要求可以通过表 2-3 中的快捷键实现。

EJA智能差压变送器组态过程

表 2-3　EJA 变送器的 HART 475 通信器快捷指令序列表

<table>
<tr><th>功能</th><th>快捷键</th><th>说明</th><th colspan="2">功能</th><th>快捷键</th><th>说明</th></tr>
<tr><td>位号</td><td>131</td><td></td><td colspan="2">用户自定义单位设置</td><td>14431</td><td>选 0%，User set，User se%，Input Pres，Pres &%</td></tr>
<tr><td>单位</td><td>132</td><td>mmH_2O，Pa</td><td colspan="2">工程单位上、下限设置</td><td>14432、14433</td><td>如：m(米)等</td></tr>
<tr><td>按键输入量程设定</td><td>1331</td><td></td><td colspan="2">温度单位设置</td><td>14122</td><td>LRV URV</td></tr>
<tr><td>实时输入量程设定</td><td>1332</td><td></td><td colspan="2">静压单位设置</td><td>14132</td><td>℃，°F</td></tr>
<tr><td>输出模式</td><td>135</td><td>线性、开方</td><td colspan="2">输出测试设置</td><td>122</td><td>mmH_2O，kPa，Pa……</td></tr>
<tr><td>阻尼时间</td><td>136</td><td>0.2s、2.0s、64s</td><td rowspan="4">传感器微调</td><td>零点调整</td><td>12331</td><td></td></tr>
<tr><td>小信号切除量</td><td>137</td><td>0%～20%</td><td>压力显示</td><td>12332</td><td></td></tr>
<tr><td>小信号切除方式</td><td>138</td><td>线性、归零</td><td>下限值调整</td><td>12333</td><td>$\Delta P=\Delta P_{min}$=下限值时下限调整</td></tr>
<tr><td>正反方式(内藏表)</td><td>1428</td><td></td><td>上限值调整</td><td>12334</td><td>$\Delta P=\Delta P_{min}$=上限值时上限调整</td></tr>
<tr><td>显示模式</td><td>1442</td><td>线性、开方</td><td colspan="2">模拟输出微调</td><td>1232</td><td>D/A trim Scaled D/A trim</td></tr>
<tr><td>显示数值设置</td><td>1441</td><td></td><td colspan="2">调零模式设置</td><td>14517</td><td>Enable(使能)/Inhibit(禁止)</td></tr>
</table>

下面对一些常见的组态项目进行说明。

(1) 位号

按以下操作进入位号设置功能：

1. Device Setup→3. Basic Setup→1. Tag

仪表的位号相当于仪表的“户口”，通过位号可以在工艺流程图中查到仪表的位置。仪表的位号一般由字母和数字构成，如下面的例子所示：

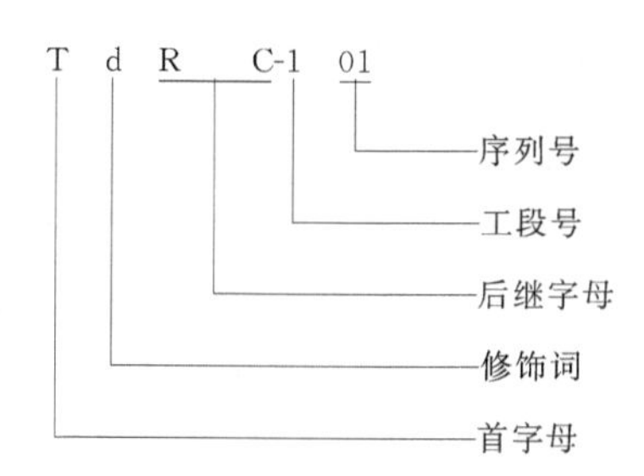

对位号中首字母、修饰词及后继字母的说明，见表 2-4，因此，上述位号表明该仪表是温差记录控制系统 1 工段 01 号仪表。

表 2-4 仪表位号字母说明

字母	第一位字母		后继字母	字母	第一位字母		后继字母
	被测变量或初始变量	修饰词	功能		被测变量或初始变量	修饰词	功能
A	分析 Analytical		报警 Alarm	N	供选用 User's choice		供选用 User's choice
B	喷嘴火焰 Burner Flame		供选用 User's choice	O	供选用 User's choice		节流孔 Orifice
C	电导率 Conductivity		控制 Control	P	压力或真空 Pressure or Vacuum		试验点(接头) Testing Point (connection)
D	密度 Density	差 Differential		Q	数量或件数 Quantity or Event	积分、积算 Integrate, Totalize	积分、积算 Integrate, Totalize
E	电压(电动势) Voltage		检测元件 Primary Element	R	放射性 Radioactivity		记录、打印 Recorder or Print
F	流量 Flow	比(分数) Ratio		S	速度、频率 Speed or Frequency	安全 Safety	开关或联锁 Switch or Interlock
G	尺度(尺寸) Gauging		玻璃 Glass	T	温度 Temperature		传送 Transmit
H	手动(人工触发) Hand(Manually Initiated)			U	多变量 Multivariable		多功能 Multivariable
I	电流 Current		指示 Indicating	V	黏度 Viscosity		阀、挡板、百叶窗 Valve, Damper, Louver
J	功率 Power	扫描 Scan		W	重量或力 Weight or Force		套管 Well
K	时间或时间程序 Time or Time Sequence		自动-手动操作器 Automatic-Manual	X	未分类 Undefined		未分类 Undefined
L	物位 Level		指示灯 Light	Y	供选用 User's Choice		继动器或计算器 Relay or Computing
M	水分或湿度 Moisture or Humidity			Z	位置 Position		驱动、执行或未分类的执行器 Drive, Actuate or Actuate of undefined

(2) 量程调整

按以下操作进入量程设置功能：

1. Device Setup→3. Basic Setup→3. Re-range

EJA的量程设置方法有两种：一种是键盘设置 keypad input，这种方式可以根据工艺要求的压力直接利用键盘输入压力的上下限；还有一种方式是实时压力设置 Apply values，这种方式在企业里应用更多，可以根据现场的实际压力、液位、流量设置量程，即将变送器安装在装置或设备上后，调整装置里的被测量为测量的下限，将此时的压力值设为测量的下限值 LRV，再调整装置里的被测量为测量的上限，将此时的压力值设为测量的下限值 URV。

（3）阻尼时间

按以下操作进入输出模式设置功能：

1. Device Setup→3. Basic Setup→6. Damp

阻尼时间常数是决定 4～20mA DC 输出的响应速度，对于波动比较大的被测量，阻尼时间应该设置的长一些，而一些变化很小的参数，阻尼时间可以设置的短一些，阻尼时间常数设置的数值为：0.2s，0.5s，1.0s，2.0s，4.0s，8.0s，16s，32s，64s。

（4）输出模式

按以下操作进入输出模式设置功能：

1. Device Setup→3. Basic Setup→5. Fnctn

智能压力（差压）变送器输出信号模式可设为“线性”（Linear），即输出信号与输入信号的压差成正比例，一般当变送器测量压力、差压、液位等参数时这样设置，当被测参数是流量的时候，通常要设为“开方”（sq root）模式，即输出信号与输入压差信号的开方成比例。

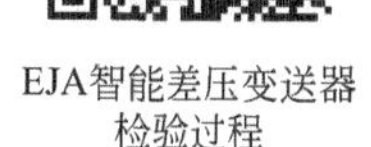

EJA智能差压变送器检验过程

（5）调整零点及量程

调校 DPharp EJA 变送器输出电流为 4mA 和 20mA 两点时的输出值有两种方法，即采用［D/A trim］或［scaled D/A trim］进行输出微调校以及膜盒微调。

① 方法一：模拟输出微调

当输出信号为 0% 和 100%，而输出接的是校正用数字安培表的读数下限值不是 4.000mA 和上限值不是 20.000mA 时选择［D/A trim］方法。

例：采用安培表接输出端进行输出值调校时，先进行如下操作：

1. Device setup→2. Diag/service→3. Calibration→2. Trim analog output

调出［Trim analog output］设置项，这时候手操器会强制让变送器输出 4mA 或 20mA（即输出的上下限），然后在标准电流表上读取偏差值并输入，变送器的程序会自动进行微调校准。当这种方法多次调整仍然不能使变送器的误差变小，就要采取膜盒调零的方式。

② 方法二：变送器传感器膜盒调零

每台 EJA 变送器在出厂前已被特性化。所谓工厂特性化就是一个在基准压力和温度范围内，对变送器传感器模块的输出和一已知输入压力进行比较校正的过程。在特性化过程中，比较信息被储存在变送器的 EEPROM 内。在工作中依赖于输入压力，变送器会使用存储的曲线输出一个使用工程单位的过程变量（PV）。利用传感器微调校正程序，可以对由计算求出的过程变量进行校正。传感器的微调有两种方法，即传感器的满度调整和零点调整。满度调整就是一个两点过程，输入两个精确的端点压力（大于或等于量程值），线性化这两点之间的输出。零点调整是由安装位置或静压引起的零点漂移进行补正的典型的一点调整法。

将测量范围为 0～100kPa 的传感器进行微调时，先进行如下操作：

1. Device setup→2. Diag/service→3. Calibration→3. Sensor Trim

调出［Sensor Trim］设置项，进行传感器零点校准。

采用［Upper Sensor Trim］项进行量程调整，在选择［Upper Sensor Trim］之后，施加测量上限的实际压力，然后与上述方法同样进行操作，进行传感器量程校准。但是通常这个调整方法经常使用会影响膜盒的精度，一般不建议使用。

经过组态和零点调整的变送器就可以继续进行五点校验了。

2.4.3 3051智能差压变送器

罗斯蒙特智能差压变送器3051是由美国艾默生公司旗下的罗斯蒙特公司生产的，其关键原材料、元器件和零部件均源自进口或合资生产，整机经过严格组装和测试。该机型外观上完全融合了目前国内最为流行并且广泛使用的变送器外形（1151差压变送器），并具有很强的通用性和替代能力，如图2-16所示。

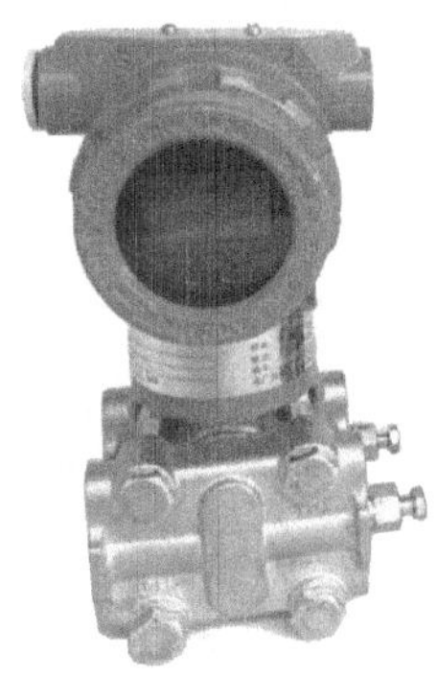

图2-16 3051差压变送器外形

（1）特点

3051智能差压变送器带单片微机，功能强，灵活性高，性能优越，可靠性高。测量范围从0～1.24kPa到0～41.37MPa，量程比达15∶1；可用于差压、压力（表压）、绝对压力、液位及流量的测量，最大负迁移为600%，最大正迁移为500%。0.1%的精确度长期稳定可达6个月以上；一体化的零位和量程按钮；具有自诊断能力。压力数字信号叠加在输出4～20mA信号上，适合于控制系统通信。带不需电池即可工作的不易失只读存储器。可与268型远传通信器、RS3集散系统和RMV9000过程控制系统进行数字通信而不需中断输出信号。采用HART（Highway Addressable Remote Transducer总线可寻址远程转换）通信协议。

（2）结构及原理

3051差压变送器主要部件为传感器模块和电子元件外壳。3051差压变送器主要由传感器模块、电子线路板及过程连接组成。其具体结构如图2-17所示。美国Rosemount（罗斯蒙特）3051差压变送器，其测量部分即传感器采用两种测量工艺：一种是差分电容式传感器，另一种是硅压敏电阻式传感器。其中差分电容式传感器的工作原理与上面介绍的电容式差压变送器的传感器部分的工作原理是一样的，即将差压的变化通过电容膜盒转换为电容值的变化，再通过转换电路将电容值的变化转换成差动电容的变化，最后输出4～20mA DC的电流值。

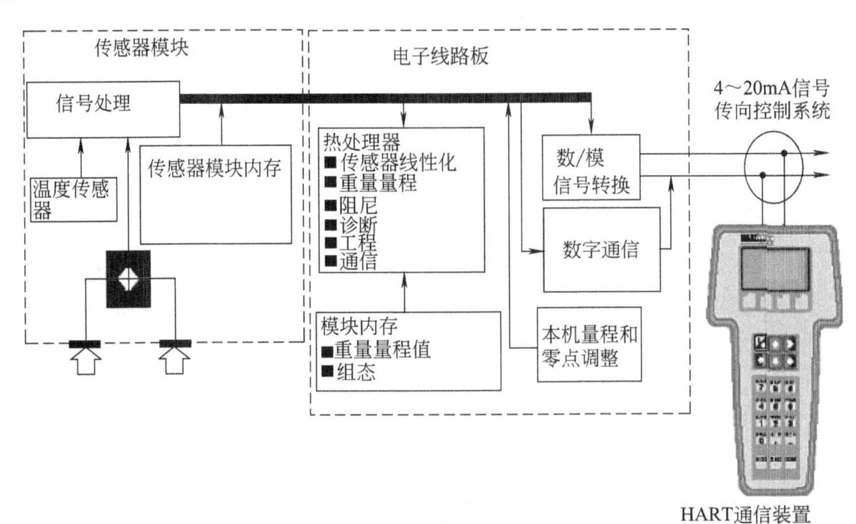

图2-17 3051差压变送器的结构

而第二种硅压敏电阻式传感器，其具体工作原理如上文介绍的扩散硅式压力变送器所示，即将差压或压力的变化转换为硅杯上电阻的变化，再将该变化通过惠斯顿电桥转换为电压的变化，再通过转换电路输出4～20mA DC的电流值。

(3) 3051智能差压变送器的组态

3051智能差压变送器其具体组态菜单见附录，但是一些常见的组态要求可以通过表2-5中的快捷键实现。

表2-5　3051智能差压变送器的HART 475通信器快捷指令序列表

功能	快捷键	功能	快捷键
位号	1 3 1	传感器下限微调	1 2 3 3 2
单位(过程变量)	1 3 2	传感器上限微调	1 2 3 3 3
按键输入量程设定	1 3 31	全量程微调	1 2 3 3
实时输入量程设定	1 3 3 2	报警和饱和电平	1 4 2 7
换算函数(设置输出类型)	1 3 5	模拟输出报警类型	1 4 3 2 4
阻尼	1 3 6	触发模块控制	1 4 3 3 3
日期	1 3 4 1	触发操作	1 4 3 3 3
描述符	1 3 4 2	自定义表头值	1 4 3 4 3
信息	1 3 4 3	表头选项	1 4 3 4
自定义表头组态	1 3 7 2	请求前导符数	1 4 3 3 2
现场装置信息	1 4 4 1	地址查询	1 4 3 3 1
传感器信息	1 4 4 2	传感器温度	1 1 4
回路测试	1 2 2	传感器微调点	1 2 3 3 5
重置量程	1 2 3 1	状态	1 2 1 1
模拟输出微调	1 2 3 2	自检(变送器)	1 2 1 1
数/模转换微调(4～20mA输出)	1 2 3 2 1	键盘输入—重置量程	1 2 3 1 1
可变刻度数/模微调(4～20mA输出)	1 2 3 2 2	变送器安全(写保护)	1 3 4 4
零点微调	1 2 3 3 1	禁止本机量程/零点调整	1 4 4 1 7

2.5 智能手操器的使用

HART 475手操器是支持HART协议设备的手持通信器，是可以对所有带HART协议的智能仪表进行组态、管理、维护、调整以及过程参数进行检测的主要工具仪表，HART 475手操器可以方便地接入4～20mA HART协议仪表电流回路中，与HART协议仪表进行通信，配置HART仪表的设定参数（如量程上下限等），读取仪表的检测值、设定值，可以对仪表进行诊断和维护等。该手持器支持HART协议的第一主设备（HART网桥等），也支持HART协议的点对点和多点通信方式。其外形结构如图2-18所示。

图2-18　HART 475手操器外形结构

2.5.1 按键说明

① 开/关键：按此键1s可打开手操器。HART 475手操器关

机时有两种方法：一种是按开关键 1s 后，弹出对话框，有两种选择，1 是 stand by（待机），2 是 shut down（关机），此时选择 2 即可关机；另一种关机方式一般在系统死机情况下使用，即同时按下背光键和 Tab 键，也可以实现关机。

② 向上箭头键：使用这个键可以在菜单或者选项列表中向上移动光标。

③ 向下箭头键：使用这个键可以在菜单或者选项列表中向下移动光标。

④ 向左箭头键和返回上一级菜单键：使用这个功能键可以向左移动光标或者返回上一级菜单。

⑤ 向右箭头键和进入下一级菜单键：使用这个功能键可以向右移动光标或者进入下一级菜单。

⑥ 确认键：此键用来对焦点选项进行确认。

⑦ 字母数字键：主要负责数据输入。这些按键上一般有四个字符，每按一次切换一个，停止切换即输入当前字符。

⑧ Tab 键：HART 475 是触摸屏的，各个选项的切换一般在屏幕上直接点选即可，但是为了延长屏幕的使用寿命，可以使用 Tab 键在各个选项之间进行切换。

⑨ 背光建：可以调整屏幕亮度，每按一次屏幕亮度增加一些，6 次后循环。

2.5.2 HART 475 手持器使用和功能

(1) HART 475 的使用

HART 475 的在线连接图如图 2-19 所示，只有正确连接后才可以对变送器进行组态操作。当二线制连接中的电流表有大于 4mA 电流输出后，可以将手操器开机使用。

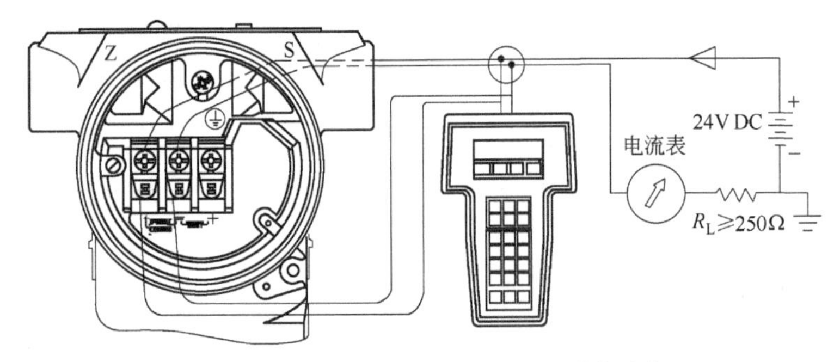

图 2-19 HART 475 手操器与变送器的连接

HART 475 手操器开机后将进入开机界面，如图 2-20 所示，选择 HART 协议进入后，会自动轮询地址为 0 的在线设备，在没有连接设备时手操器时会显示“No device found data address0，Poll?”的消息；若已经将手操器和变送器通信连接正确了，则会显示 online，并且屏幕上红心闪烁，同时显示当前变送器的基本参数，如位号、量程、当前电流值等数据。如图 2-20 所示。

(2) HART 475 的功能

① 读取过程变量　在线菜单选择第一项可以进入读取过程变量功能，这个菜单所列出的过程变量有主变量、输出电流和百分比值等，并会随每次通信实时更新。

② 诊断/服务　在线菜单选择第二项可以进入诊断/服务菜单，这个菜单包括设备自检、回路电流检测以及仪表校准选项等。选择设备自检，可实现设备自检，报告检测结果。选择

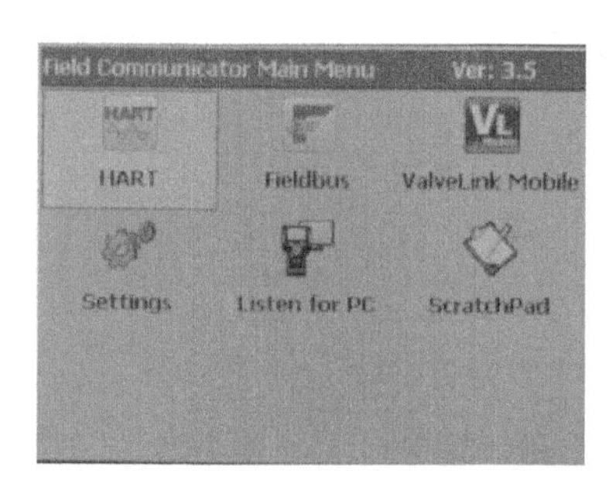

图 2-20　开机界面

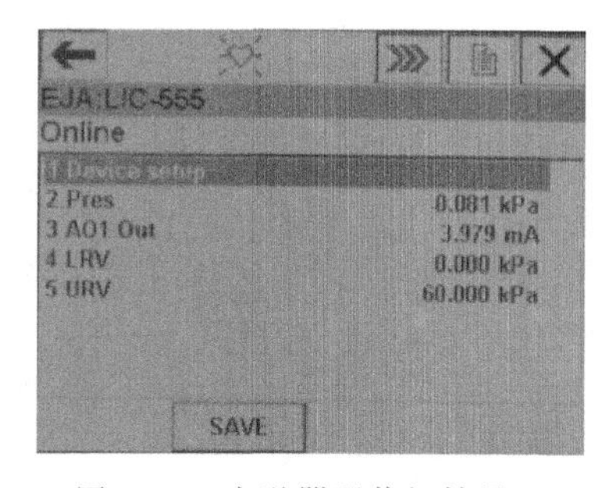

图 2-21　变送器通信初始界面

回路电流检测，可以使变送器固定输出一个电流信号，方便验证整个回路是否正常。选择校准，可以进行传感器校准和模拟电流输出校准。

③ 基本设置　在主菜单选择第三项可以进入基本设置菜单，这个菜单可对一些常用信息进行更改，更多的组态参数将在详细设置中进行。菜单项有 3 种状态：一是子菜单，按右箭头键进入到下级菜单；二是显示变量，变量有的是只读，有的是可以进行写操作；三是执行一系列操作，完成一个特定的功能，用户只需根据操作步骤完成即可。

④ 详细设置　在线菜单选择第四项可以进入详细设置菜单，这个菜单提供了更多的组态信息，对于不同的 HART 设备，详细设置有很大的区别。

任务 2

弹簧管压力检测仪表的校验

一、实验目的

弹簧管压力表的校验过程

① 认识弹簧管压力表的外形，练习识别压力表的种类、精度和读数。

② 了解活塞式压力计的具体使用方法。

③ 学会实训室校验弹簧管压力表的方法之一（标准压力表比较法），通过调校确定仪表是否符合要求。

二、实验设备

① 被校压力表：量程 0～0.4MPa，精度 1.5 级。

② 精密压力表：量程 0～0.6MPa，精度 0.4 级。

③ 活塞式压力计：量程 0～0.6MPa。

三、实验步骤

① 将压力表校验器平放在工作台上，按图 2-22 连接。

② 将工作液注入校验器。打开针阀 5，摇动手轮 3，将手摇泵 2 活塞推到底部。旋开油杯阀，揭开油杯盖，将工作液注满油杯 1。关闭针阀，反向旋转手轮 3，将工作液吸入手摇泵 2（应使油杯内有适量工作液），装上油杯盖和油杯阀。

③ 排除传压系统内的空气。关闭油杯阀，打开针阀 5，轻摇手轮 3，直至看到两压力接头处有工作液即将溢出时，关闭针阀 5，打开油杯阀，反向旋转手轮 3，给手摇泵补足工作液，再关闭油杯。

④ 校验。在标准压力表和被校压力表装上后，打开阀 5，用手摇泵 2 加压即可进行压力表的比较校验。校验时，先检查压力偏差，如合格，即可校验各点（表测量范围的 25%、50%、

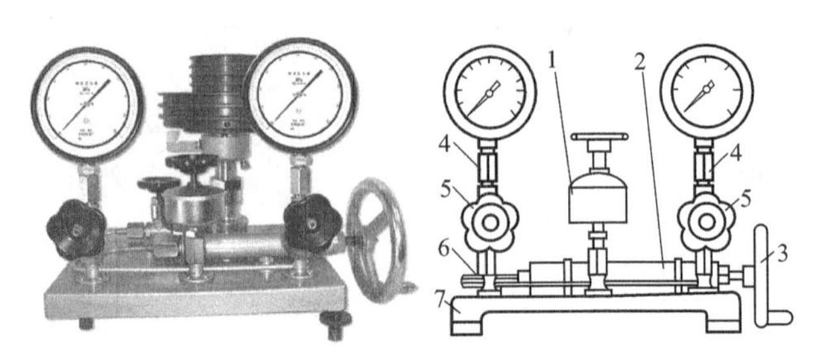

图 2-22 活塞式压力校验台

1—油杯；2—手摇泵；3—手轮；4—螺母；5—针阀；6—导压管；7—底座

75%三处），先做线性刻度校验，再做刻度上限耐压检定 3min。每个校验点应分别在轻敲表壳前后两次读数，然后记录被校表轻敲后示值、标准表示值、标准表示值和轻敲位移量。以同样方式做反行程校验和记录。

四、数据处理

计算各点的绝对误差和变差，找出最大绝对误差和最大变差，均填入表 2-6 中。将最大绝对误差和最大变差与仪表的允许误差比较，判断仪表是否合格。

表 2-6 弹簧管压力表校验单

项目	名称	型号	测量范围	精度等级	出厂编号	制造厂名
标准表						
被校表						
校验记录						
被校表读数						
标准表读数	上行					
	下行					
绝对误差	$\Delta_{上}$					
	$\Delta_{下}$					
绝对变差	Δ'					
最大绝对误差						
最大绝对变差						
处理结果						
校验员		数据处理员				
组别		成绩				

任务 3

EJA 智能压力变送器的组态及校验

一、实验目的

① 学习并掌握 EJA10A 差压变送器的接线。

② 熟悉相关仪表与EJA110A间的连接和配合。

③ 掌握EJA10A差压变送器的简单使用。

二、实验设备

① EJA110A智能差压变送器，量程0～100kPa，精度0.075级。

② 精密电阻，250Ω。

③ 精密电流表，量程0～25mA，精度0.025级。

④ 压力发生器，最大输出压力120kPa。

⑤ HART 475手操器。

⑥ 24V直流电源。

三、实验步骤

1. 实验要求

表2-7中为EJA110A智能差压变送器的组态要求，根据该要求对EJA智能差压变送器进行连接、组态及校验，填写校验单并处理数据。

表2-7　EJA110A智能差压变送器的组态要求

位号	单位	阻尼时间	量程下限	量程上限	输出模式	显示模式
PIC-101	kPa	2.0s	0kPa	80kPa	线性	百分比

2. 安装及接线

按照图2-23所示，将变送器安装在支架上，并且按二线制的连接方法连接电路，再连接气路。

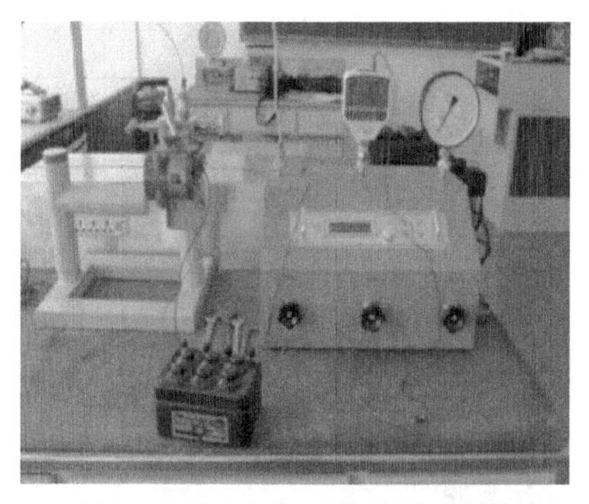

图2-23　EJA智能差压变送器的安装

3. 组态

电路和气路连接完毕后，连接手操器HART475并通电，手操器开机，根据组态要求设置位号、单位、量程、阻尼时间、输出模式及显示模式，具体操作快捷键见表2-3 EJA变送器的HART 475通信器快捷指令序列表。

4. 调零

先用模拟输出微调的方法对变送器调零，若误差仍然超限，采用膜盒调零的方法继续对变送器进行调零。

5. 校验

经过零点和满度调整的EJA差压变送器。可以采用5点校验法进行校验，校验的结果填入

表 2-8。

四、数据处理

计算各点的绝对误差和变差，找出最大绝对误差和最大变差，均填入表 2-8 中。将最大绝对误差和最大变差与仪表的允许误差比较，若超过允许误差，则要继续调零的步骤，直到仪表的最大绝对误差和最大变差均小于仪表的允许误差，此时才满足要求。

表 2-8　EJA 智能差压变送器校验单

仪表名称		型号选项		模式			
制造厂		精确度		出厂编号			
输入		允许误差		电源			
输出		最大工作压力		出厂量程			
标准表名称							
标准表精度							
输　入			输　出				
			标准值	实测值/mA			
(%)	(kPa)	(mA)	上行	误差	下行	误差	回差
最大绝对误差/mA							
最大绝对变差/mA							
结论：							
校验人：			年　月　日				

2.6　压力检测仪表的选型

应根据工艺生产过程的要求、被测介质的性质、现场环境条件等方面，来选择压力检测仪表。具体选择内容主要包括类型、测量范围和精度等级。

2.6.1　仪表种类和型号的选择

主要是由工艺要求、被测介质及现场环境等因素来确定。大气腐蚀性较强、粉尘较多和易喷淋液体等环境恶劣的场合，宜选用密闭式全塑压力表；稀硝酸、醋酸、氨类及其他腐蚀性介质，应选用耐酸压力表、氨压力表或不锈钢膜片压力表，其膜片或隔膜的材质，必须根据测量介质的特性选择；结晶、结疤及高黏度等介质，应选用膜片压力表，并且优选法兰式变送器；在机械振动较强的场合，应选用耐震压力表或船用压力表；在易燃、易爆的场合，如需电接点信号时，应选用防爆电接点压力表，并且要选用防爆型变送器；一些特殊气体要使用专门的压力表。

2.6.2 测量范围的选择

压力检测仪表的测量范围要根据被测压力的大小来确定。为了延长仪表的使用寿命，避免弹性元件产生疲劳或因受力过大而损坏，压力表的上限值必须高于工艺生产中可能的最大压力值。根据规定，测量稳定压力时，所选压力表的上限值应大于最大工作压力的 3/2；测量脉动压力时，压力表的上限值应大于最大工作压力的 2 倍；测量高压压力时，压力表的上限值应大于最大工作压力的 5/3。为了保证测量值的准确度，仪表的量程又不能选得过大，一般被测压力的最小值，应在量程的 1/3 以上。

2.6.3 精度的选择

仪表精度是根据工艺生产中所允许的最大测量误差来确定的。因此，所选仪表的精度只要满足生产的检测要求即可，不必过高。因为精度越高，仪表的价格也就越高。普通压力表的主要技术指标见表 2-9。

表 2-9 普通压力表的主要技术指标

<table>
<tr><td>型号</td><td>Y-40</td><td>Y-60</td><td>Y-100</td><td>Y-150</td><td>Y-250</td></tr>
<tr><td>公称直径/mm</td><td>ϕ40</td><td>ϕ60</td><td>ϕ100</td><td>ϕ150</td><td>ϕ250</td></tr>
<tr><td>接头螺纹</td><td>M10×1</td><td>M14×1.5</td><td colspan="3">M20×1.5</td></tr>
<tr><td>精度等级</td><td colspan="2">2.5</td><td colspan="3">1.5</td></tr>
<tr><td rowspan="3">测量范围/MPa</td><td colspan="4">0～0.1;0.16;0.25;1;1.6;2.5;4;6</td><td rowspan="3">0～0.6;1;1.6;2.5;4;6</td></tr>
<tr><td></td><td>0～10;16;25</td><td colspan="2">0～10;16;25;40;60</td></tr>
<tr><td colspan="4">−0.1～0;0.06;0.15;0.3;0.5;0.9;1.5;2.4</td></tr>
</table>

例：现要选择一只安装在水泵出口处的压力表，被测压力的范围为 0.2～0.25MPa，工艺要求测量误差不得大于 0.005MPa，且要求就地显示。试正确选用压力表的型号、精度及测量范围。

考虑情境描述中的情况。因为水泵的出口压力为脉动压力，所选仪表的上限值应为

$$p=p_{max}\times2=0.25\times2=0.5(\mathrm{MPa})$$

查表 2-9，可选用 Y-100 型，测压范围为 0～0.6MPa 的压力表。

由于$\frac{0.2}{0.6}\geqslant\frac{1}{3}$，所以满足“被测压力的最小值不低于满量程的 1/3”的要求。

此外，为了选择仪表的精度，首先将工艺允许误差换算为引用误差的形式：

$$\delta_{工允}=\pm\frac{\Delta_{工允}}{M}\times100\%=\pm\frac{0.005}{0.6-0}\times100\%=\pm0.833\%$$

因为选表应该向数值低精度高的方向靠，所以，应选用精度等级为 0.5 级的仪表。

即所选的压力表为 Y-100 型，测量范围 0～0.6MPa，精度等级为 0.5 级的弹簧管压力表。

2.7 压力检测仪表的安装

2.7.1 取压口的选择

取压口是被测对象上引取压力信号的开口，选择取压口的原则是选取的取压口必须能反映被测压力的真实情况，选取的原则如下。

① 选在被测介质呈直线流动的管段部分，不要选在管路拐弯、分叉、死角或其他易形成漩涡的地方。

② 测量流动介质的压力时，应使取压点与流动方向垂直，清除钻孔毛刺等凸出物。

③ 引至变送器的导压管，其水平管道上的取压口方位要求如下：测量液体压力时，取压口应开在管道横截面的下部，与管道截面水平中心线夹角范围在45°以内，使导压管内不积存气体；测量气体压力时，取压口应开在管道横截面的上部，使导压管内不积存液体；测量水蒸气压力时，在管道的上半部及下半部，与管道截面水平中心线在45°夹角内，因为一般蒸汽管线内下部会有一部分液体存在。

④ 取压口处在管道阀门、挡板前后时，其与阀门、挡板的距离应大于2～3倍的D（D为管道直径）。

2.7.2 导压管的安装

安装导压管应遵循以下原则。

① 在取压口附近的导压管应与取压口垂直，管口应与管壁平齐，并不得有毛刺。

② 导压管的粗细、长短应选用合适，防止产生过大的测量滞后，一般内径为6～10mm，长度一般不超过60m。

③ 水平安装的导压管应有1∶10～1∶20的坡度，坡向应有利于排液（测量气体压力时）或排气（测量水的压力时）。

④ 当被测介质易冷凝或易冻结时，应加装保温伴热管。

⑤ 测量气体压力时，应优选变送器高于取压点的安装方案，以利于管道内冷凝液回流至工艺管道，也不必设置分离器；测量液体压力或蒸汽时，应优选变送器低于取压点的安装方案，使测量管不易集气体，也不必另加排气阀，在导压管路的最高处应装设集气器；当被测介质可能产生沉淀物析出时，在仪表前的管路上应加装沉降器。

⑥ 为了检修方便，在取压口与仪表之间应装切断阀，该阀应靠近取压口。

2.7.3 压力表的安装

① 压力表应安装在能满足仪表使用的环境条件，并且易观察和检修的地方。

② 安装地点应尽量避免振动和高温影响。对于蒸汽和其他可凝性热气体以及当介质温度超过60℃时，就地安装的压力表选用带冷凝管的安装方式，如图2-24所示。

③ 测量蒸气压力时应加装凝液管，以防高温蒸气直接与测压元件接触；测腐蚀性介质的压力时，应加装充有中性介质的隔离罐等。总之，根据具体情况（如高温、低温、腐蚀、结晶、沉淀、黏稠介质等），采取相应的防护措施。

④ 压力表的连接处应加装密封垫片，一般低于80℃及2MPa压力时可用牛皮或橡胶垫

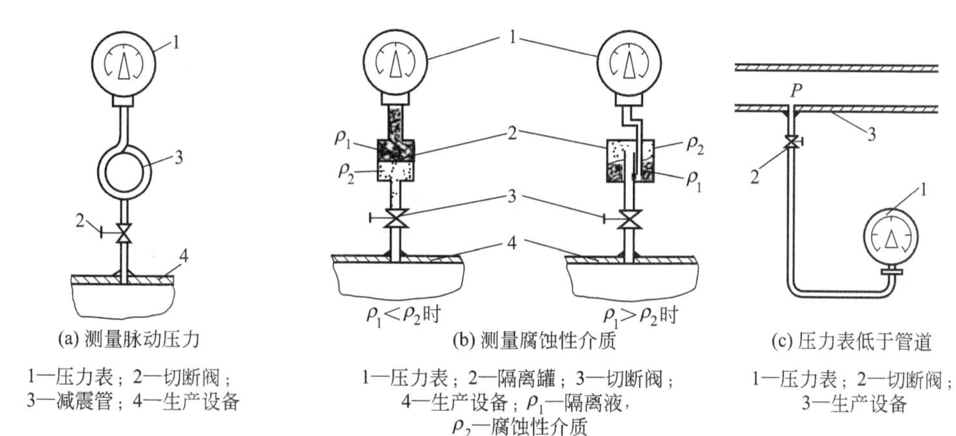

(a) 测量脉动压力

1—压力表；2—切断阀；3—减震管；4—生产设备

(b) 测量腐蚀性介质

1—压力表；2—隔离罐；3—切断阀；4—生产设备；ρ_1—隔离液，ρ_2—腐蚀性介质

(c) 压力表低于管道

1—压力表；2—切断阀；3—生产设备

图 2-24　压力表安装示意图

片；350～450℃及 5MPa 以下时用石棉板或铝片；温度及压力更高时（50MPa 以下）用退火紫铜或铅垫。

压力表安装示例如图 2-24 所示，在图 2-24（c）的情况下，压力表指示值比管道里的实际压力要高，所以实际压力值应用读数减去压力表到管道取压口之间的一段液柱压力。

思考练习

2-1　什么是压力？压力有哪些种类？压力的单位是什么？

2-2　电气式压力检测仪表的结构包括哪些部分？其作用是什么？

2-3　什么是传感器？什么是变送器？

2-4　QDZ、DDZⅡ、DDZⅢ型仪表使用的能源、传输的信号大小及种类分别是什么？

2-5　什么是信号制？二线制？四线制？各有什么特点？

2-6　电容式差压变送器的工作原理是什么？其结构包括哪些部分？

2-7　扩散硅式压力变送器的工作原理是什么？其结构包括哪些部分？

2-8　HART 475 面板按键的功能都是什么？

2-9　利用 Hart 手操器对 EJA 进行组态时，通常设置哪些内容？快捷键及英文代码是什么？

2-10　如何对 EJA 进行零点和量程的调整？

2-11　某台空压机的缓冲器，其工作压力范围为 0.9～1.6MPa，工艺要求就地观察罐内压力，并要求测量结果的误差不得大于罐内压力的±5%，试选择一台合适的压力计（类型、测量范围、精度等级），并说明其理由。

液位检测仪表的认识及使用

物位测量在工业自动化系统中具有重要的地位，它是保证生产连续性和设备安全性的重要参数；例如在连续生产的情况下，维持某些设备（如蒸汽锅炉、蒸发器等）中液位高度的稳定，对保证生产和设备的安全是必不可少的。比如大型锅炉的水位波动过大，一旦停水几十秒，就可能有烧干的危险。另外可以通过物位检测来确定容器内物料的数量，以保证能够连续供应生产中各环节所需的物料或进行经济核算。本章主要介绍化工生产过程中物位参数的检测方法，各种典型的物位检测仪表的校验、安装、使用、维护及故障处理等相关知识。

仪表的校验是仪表维修工的另一项基本工作，企业在进行大修时要将装置上的所有仪表进行从新校验和标定，对于不合格的仪表要进行淘汰和更换，针对项目一的原料配比工段中液位检测仪表进行维护和检修，并对其中典型的液位检测仪表——浮筒式液位计进行校验，经过校验合格的仪表再重新安装到管道及装置上。

3.1 液位检测技术概述

3.1.1 物位的定义

物位是指储存于容器或工业生产设备里的液体或粉粒状固体与气体之间的分界面位置，包括液位、料位和界位，其中液位是指液体的高度或自由表面的位置，即气-液分界面；料位是指固体块料、颗粒、粉料等堆积的高度或表面位置，即固-液分界面；界位是指在同一容器中，两种密度不同但互不相溶的液体之间或液体与固体之间的分界面位置高度，即液-液分界面。上述液位、料位、界位统称为物位。在石化行业中更多使用的是液位检测仪表。

3.1.2 物位检测仪表的种类

各种物料的性质各异，物位检测的方法很多，所用的仪表、传感器、变送器也各有特点。

（1）按工作原理分类

① 直读式液位仪表　利用连通器原理，有玻璃管式、玻璃板液位计等。

② 浮力式物位仪表　利用浮力原理，有恒浮力式和变浮力式两种。

③ 静压式物位仪表　利用流体静力学原理。

④ 电气式物位仪表　将物位的变化转换为电量检测。

⑤ 反射式物位仪表　利用超声波、微波反射信号行程间接测量液位。

⑥ 射线式物位检测　利用射线在被测介质中的吸收程度测量液位。

（2）按传感器与被测介质是否接触分类

① 接触式物位仪表　如直读式、浮力式、静压式、电容式等。

② 非接触式物位仪表　如雷达式、超声波式、射线式等。

液位检测仪表的具体种类、特点及适用场合见表 1-2。

3.1.3 物位检测的特点

在常温、常压、非高位及非特殊场合，可直接由人用米尺去量读物位的高低；由于生产过程中物位的变化多数是比较缓慢的，因此可用测静压的方法来进行物位的检测；对物位参数的控制和报警，可以利用感知物料的存在与否的方法来实现。

物位在进行测量时与其他参数的测量有一些特别之处：液面通常都是水平的，当液体从液面的上部流入时，会使液面出现波动；在一些生产过程中，液体会逐步浓缩、沸腾，甚至起泡沫（如蒸汽生产中，锅炉汽包内的虚假液面）；液体在大型的容器内，可能会出现介质性质的分布不均匀，如温度、密度、黏度等；混合液体的相界面不清晰，有浑浊段等；有些物料，具有腐蚀性、放射性、毒性等。这些在物位检测仪表选择时都要特别注意。

3.2 静压式液位检测仪表

3.2.1 工作原理

静压式液位计是通过测量液柱静压的方法对液体物料的液位进行检测的，其原理如图 3-1 所示。设 P_A 为密闭容器中 A 点的静压（气相压力），P_B 为 B 点的静压，H 为液柱高度，ρ 为液体密度，g 为重力加速度，根据液体静力学原理可知 A、B 两点的压差为

$$\Delta P = P_B - P_A = H\rho g \tag{3-1}$$

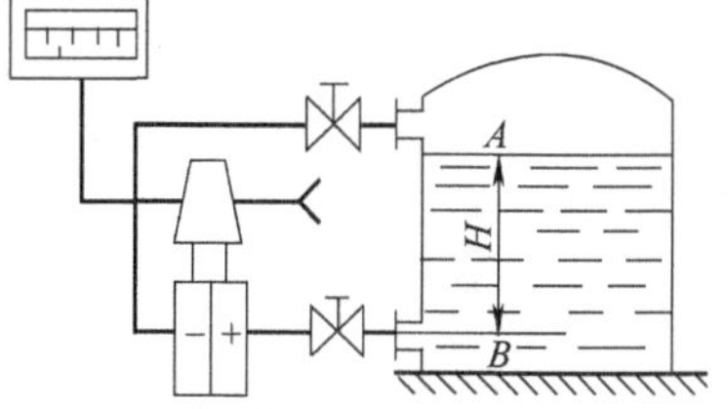

图 3-1　静压式液位计工作原理

在检测过程中，当 ρ、g 为一常数时，A、B 两点压差与液位高度 H 成正比，就是说只要测出 ΔP 就可知道敞口容器（无需接气相，将差压变送器的负压室通大气即可）或密闭容器中的液位高度。因此凡是能够测量压力或差压的仪表，均可测量液位。

3.2.2 零点迁移

应用差压式液位计测量液位，在安装时常会遇到以下几种情况。

（1）正迁移

差压变送器与容器的液相取压点不在同一水平面上。如容器或设备安装在高处，但为了维护检修方便，需要把差压计安装在地面上，如图 3-2 所示。此时，变送器正压室受到的压力为：$P_+=P_0+\rho gH+\rho gh$，负压室受到的压力为：$P_-=P_0$，所以差压为：

$$\Delta P=P_+-P_-=\rho gH+\rho gh \tag{3-2}$$

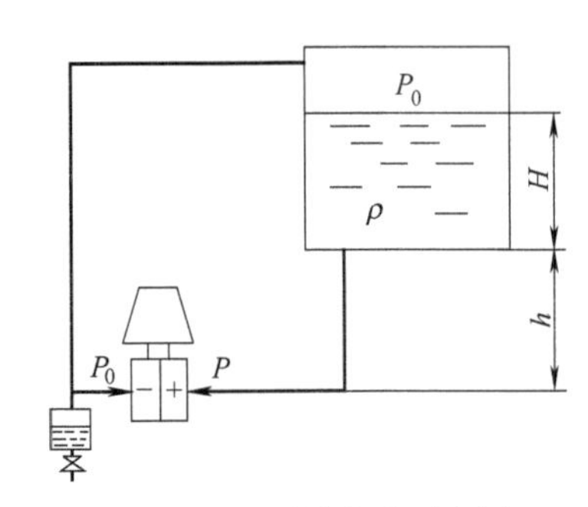

图 3-2 正迁移安装示意图

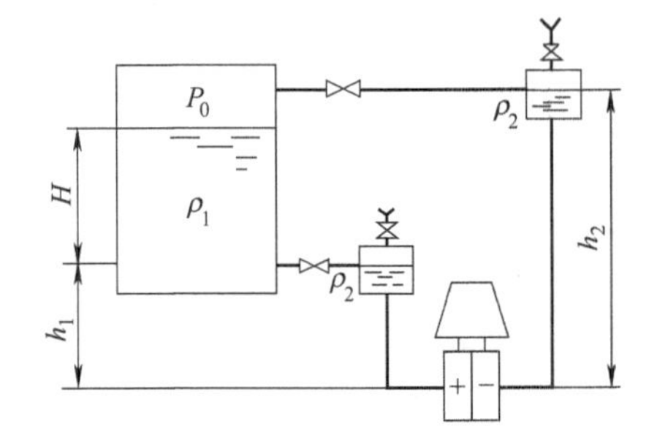

图 3-3 负迁移安装示意图

显然，当 $H=0$ 时 $\Delta P=\rho gh>0$，所以 $I_0\neq$4mA，因此，显示仪表指示不为零（大于零）。

（2）负迁移

如果被测介质易挥发成气体，负导压管中将会有冷凝液产生，影响到液面的准确测量。为了保证测量准确，需要在负压管中加隔离液。或者为防止容器内的液体或气体进入变送器而造成管线堵塞或腐蚀，并保持负压室的液柱高度恒定，均需加装隔离罐。如图 3-3 所示。此时

$$\Delta P=P_+-P_-=(P_0+\rho_1 gH+\rho_2 gh_1)-(P_0+\rho_2 gh_2)=\rho_1 gH-\rho_2 g(h_2-h_1) \tag{3-3}$$

式中 ρ_1——被测介质的密度；

ρ_2——隔离液的密度。

显然，当 $H=0$ 时，$\Delta P=-\rho_2 g(h_2-h_1)<0$，所以 $I_0\neq$4mA，因此，显示仪表指示也不为零（小于零）。

为了使液位 $H=0$ 时，显示仪表的指示为零，对上面两种情况应该调整差压变送器（或其他差压计）的零点迁移装置，使之抵消液位 H 为零时，差压计指示不为零的那一部分固定差压值，这就是零点迁移。

调整迁移装置用来抵消大于零的信号叫正迁移（第一种情况），用来抵消小于零的信号叫负迁移（第二种情况），而图 3-1 为无迁移情况。迁移只是改变了仪表的上、下限，相当于测量范围的平移，而不改变仪表的量程。

3.2.3 法兰式液位变送器

如果被测介质易凝、易结晶或有腐蚀性，为避免导压管阻塞与腐蚀，可采用法兰式差压变送器。

（1）种类

法兰式液位变送器按其结构形式可分为单法兰式及双法兰式两种。容器与变送器间只需一个法兰的称为单法兰液位变送器；而对于封闭容器，因上部空间与大气压力可能不等，需要采用两个法兰分别将液相和气相压力传至液位变送器，这样的变送器称为双法兰液位变送

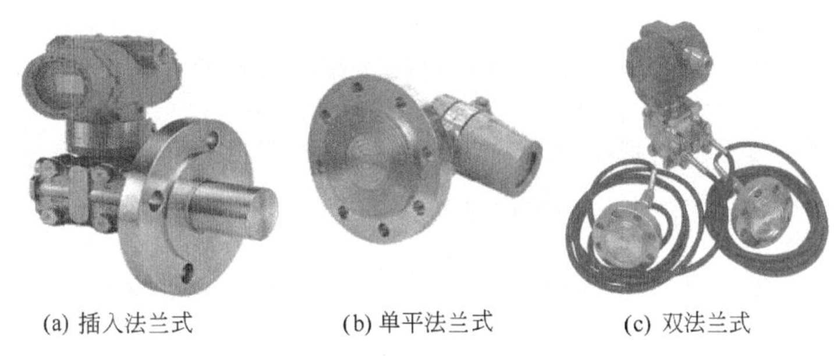

图 3-4　法兰式液位变送器

器，各种法兰式液位变送器的外形如图 3-4 所示。

选择原则如下。

① 插入法兰式：插入容器内部，适合于检测高黏度、易沉淀或结晶介质。

② 单平法兰式：用于易凝固、强腐蚀介质的液位测量。

③ 双法兰式：被测介质腐蚀性较强、负压室又无法选用适用的隔离液时。

（2）结构

法兰式差压变送器的敏感元件是金属膜盒，经毛细管与变送器的测量室相通。由膜盒、毛细管、测量室组成的封闭系统内充有硅油，通过硅油传递压力，省去引压导管，安装也比较方便，解决了导管的腐蚀和阻塞问题。其结构见图 3-5。

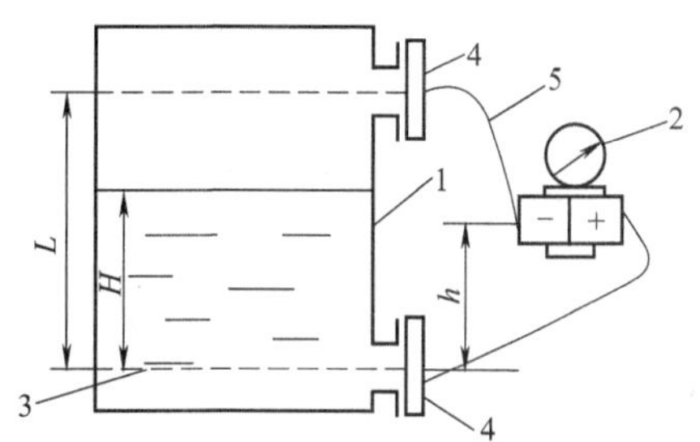

图 3-5　法兰式液位变送器结构

1—容器；2—差压计；3—液位零面；4—法兰；5—毛细管

使用双法兰液位变送器，同样会出现零点迁移问题，这是因为双法兰液位变送器在出厂校验时，正负压法兰式是放在同一高度上进行的，而在生产现场测量液位时总是负法兰在上，正法兰在下，如图 3-5 所示，此时的差压为

$$\Delta p=(\rho gH-\rho_0 gh)-\rho_0 g(L-h)=\rho gH-\rho_0 gL$$

式中　L——正、负取压口之间的高度差；

ρ_0——正、负引压管（毛细管）中工作介质的密度；

ρ——被测介质的密度；

H——介质液面的高度；

h——差压变送器距零液面的高度。

这样等于在变送器上预加了一个反向差压使零点发生负迁移，迁移量对应于正、负取压口的高度差。

3.2.4　吹气式液位计

吹气式液位计是一种很经典的液位检测仪表，结构简单可靠，特别是在被测介质有腐蚀性、放射性、黏性等特殊情况下，这是一种合适的选型，近年来吹气式液位计在国内外核工业领域及船用仓储计量等方面获得广泛应用。

图 3-6 中，气源经过滤器后，再经减压阀减压，以恒定流量的气体经导压管，由导压管浸在容器底部的管口对外吹气，因而在液体中会产生气泡。气泡的多少完全决定于吹气压力和吹气口位置的液封压力的大小，当吹气压力小于或等于液封压力时，液体内将不冒泡。测

量中，调节减压阀使导压管下端口微量冒泡，说明导压管吹气压力与液封压力相等，这时压力表指示的压力 P 即为吹气管内气体压力，也是冒泡端口处液位高度相应的压力。则 $H=P/\rho g$，液位升高使液封压力增大时，气流量不变的情况下，导压管内产生气体的积累使吹气压力升高；液位下降导致液封压力减小时，吹出气泡增加，导压管内气体减少，吹气压力下降；直至二者重新平衡，因此压力表读数的变化反映了液位的高低。

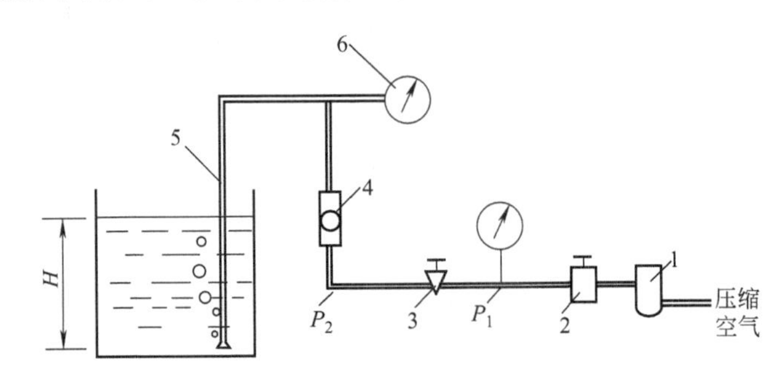

图 3-6　吹气式液位计结构图

1—过滤器；2—减压阀；3—节流元件；4—流量计；5—吹气管；6—压力表或压力变送器

显然，为了保证正确测量，气源压力应足够高，使相应于最大液位的液封压力时，仍然能够建立上述吹气压力和液封压力之间的动态平衡，同时必须保证气流量恒定不变，为此气流管道中设置了一个节流元件。实践证明，节流元件出、入端压力比小于等于 0.528 时，管道中的气流量是恒定的。气流管道中的压力表 P_1、流量表都是用以监测流量、压力变化情况的。气源流量大小的选择以最大液位时仍有微量气泡冒出为宜，常见的吹气量为 20L/h。气流量大，动态平衡过程快，响应时间短，但从压力表到吹气口这段引压管道上的压降增加，测量误差加大。反之，测量精度高，响应时间慢。

吹气式液位计不仅可以测量敞口容器的液位，个别情况也可以用来检测密封容器的液位。如果需要将液位信号远传，可以采用压力变送器或差压变送器代替压力表进行检测并输出 4～20mA 标准信号。在用于检测具有腐蚀性、高黏度或含有悬浮颗粒的液体的液位时，可以防止导压管被腐蚀堵塞。如果被测液体是易燃、易氧化的介质，可以改用氮气、二氧化碳等惰性气体作为吹气源。

3.2.5 投入式液位变送器

投入式液位变送器是基于所测液体静压与该液体的高度成比例的原理，采用先进的隔离型扩散硅敏感元件或陶瓷电容压力敏感传感器制作而成，将静压转换为电信号，再经过温度补偿和线性修正，转化成标准电信号的一种测量液位的压力传感器，又可以称之为“静压液位计、液位变送器、液位传感器、水位传感器”。投入式液位变送器的传感器部分可直接投入到液体中，变送器部分可用法兰或支架固定，安装使用极为方便。

这种两线制投入式液位计由一个内置毛细软管的特殊导气电缆、一个抗压接头和一个探头组成。投入式液位计的探头构造是一个不锈钢筒芯，底部带有膜片，并由一个带孔的塑料外壳罩住。液位测量实际上就是在测探头上的液体静压与实际大气压之差，然后再由陶瓷传感器（附着在不锈钢薄膜上）和电子元件将该压差转换成 4～20mA 输出信号。其外形及工作原理见图 3-7。

其特点为：稳定性好，精度高；直接投入到被测介质中，安装使用相当方便；固态结构，无可动部件，高可靠性，使用寿命长；从水、油到黏度较大的糊状都可以进行高精度测量，不受被测介质起泡、沉积、电气特性的影响；宽范围的温度补偿；具有电源反相极性保护及过载限流保护。

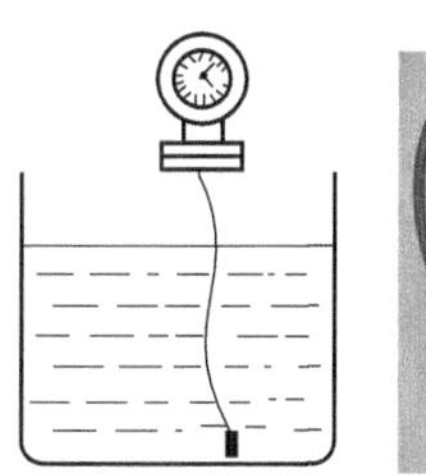
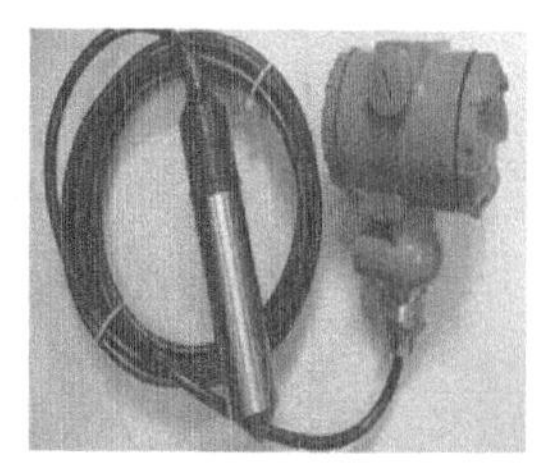

图 3-7　投入式液位计的外形及工作原理

总之，静压式液位计测量具有以下特点。

① 检测元件不占容器空间，而只需在容器侧壁上开两个引压孔。

② 检测元件无可动部件，安全方便，使用可靠。

③ 采用法兰式结构还可以解决黏度大、易结晶、有悬浮物的介质液位的测量。

④ 在冬季使用时，必须采取保温措施。

3.3　浮力式液位检测仪表

浮力式液位计的结构简单，造价低廉，工作可靠，不易受外界环境的影响，维修较简便，因此在工业生产中得到广泛的应用。但因大多数仪表有可动部件，故易发生磨损、腐蚀等，甚至使机械部分卡死等现象，因此在使用中应充分引起注意。

3.3.1　浮力式液位计的种类

浮力式液位检测仪表可分为两种：一种是维持浮力不变的，即恒浮力式液位计，属于此种液位计的，有浮标式、浮球式等，它们的检测元件（浮标或浮球）是漂浮于液体表面，随液位的变化而上下自由浮动，通过测出检测元件（浮标或浮球）随液面变化而产生的机械位移，而进行液位检测的；另一种是变浮力式液位计，属于此种液位计的有浮筒式液位计，其检测元件（浮筒）是浸没在液体之中，不能自由浮动，液位变化时，其检测元件（浮筒）因浸没在液体之中的深度不同，而受到不同的浮力，通过机械或电信号的转换，而进行液位的检测。

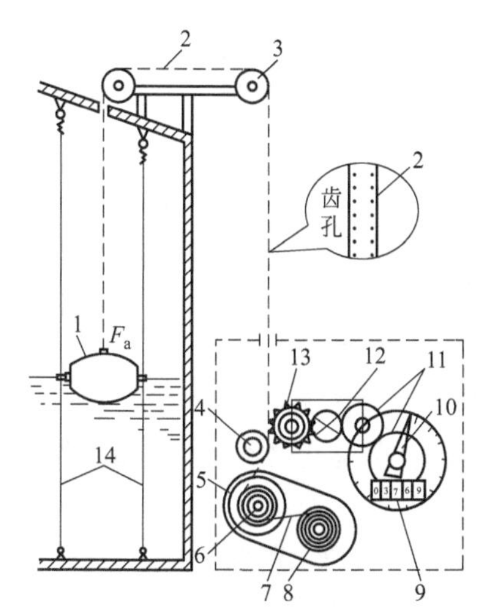

图 3-8　浮子钢带液位计测量原理

1—浮子；2—钢带；3—滑轮；4—导向轮；5,6—收带轮-卷簧轮（同轴）；7—恒力卷簧；8—储簧轮；9—计数器；10—指针；11—传动齿轮；12—转角传感器；13—钉轮；14—导向钢丝

3.3.2　恒浮力式液位检测仪表

由物理学中的阿基米德定律可知，物体在液体中所受的浮力等于该物体所排开的那部分液体的重量。恒浮力式液位检测仪表是利用浮标或浮球始终漂浮在液体表面上，其位置随液面变化而变化的原理来测量液位的。其特点是结构简单，价格低廉，主要用于测量储罐的液位。常见的恒浮力式液位检测仪表有浮子钢带液位计、浮球式液位计、磁翻板式液位计等。

（1）浮子钢带液位计

浮子钢带液位计是广泛用于测量储罐内各种液体液位的物位仪表。测量原理如图 3-8 所示，当液面上升时，浮子随着液面上浮，与浮子连接在一起的钢带靠盘簧的拉力收入表体，以保持浮子重量、浮力、与盘簧拉力相平衡；液面下降时，浮子靠自身重量，随液面一起下降，与浮子连接在一起的钢带拉动盘簧的发条，做相应的反卷，使整个系统达到新的平衡。由于在测量钢带上打有非常均匀孔距的孔，当钢带上下运动时，钢带上的孔正好与链轮上的齿啮合，从而带动齿轮机构转动，并通过指针或计数器指示液位高度。同时输出角位移机械量，经远传变送器转换成 4～20mA DC 的信号。

浮子钢带液位计的机械部分结构比较多，具体的动作过程是：当液位下降时，浮子重量拉动钢带使收带轮-卷簧轮 6 顺时针转动，将卷绕在储簧轮 8 上的恒力卷簧 7 反绕在卷簧轮上；当液位升高时，钢带拉力减小，恒力卷簧 7 将卷簧收回到储簧轮 8 上，收带轮-卷簧轮逆时针转动。钢带通过齿轮传动机构，由机械计数器 9 指示出液位。

（2）浮球式液位计

对于温度、黏度较高，而压力不太高的密闭容器内液体介质液位检测时，一般可采用浮球式液位计。其结构如图 3-9 所示，检测元件浮球 1 由铜或不锈钢材料制成，通过连杆 2 与转轴 3 相连。转轴 3 的另一端与容器外侧杠杆 4 相接，杠杆上加装平衡锤 6，从而组成了以转轴 3 为支点的杠杆、角转动系统，而进行其液位的检测。系统一般要求在浮球的一半浸入液体时，实现系统的力矩平衡。这是因为，此时液位变化 Δh 所引起的浮力变化最大，则浮球位置变化最灵敏，从而提高了仪表的灵敏度。

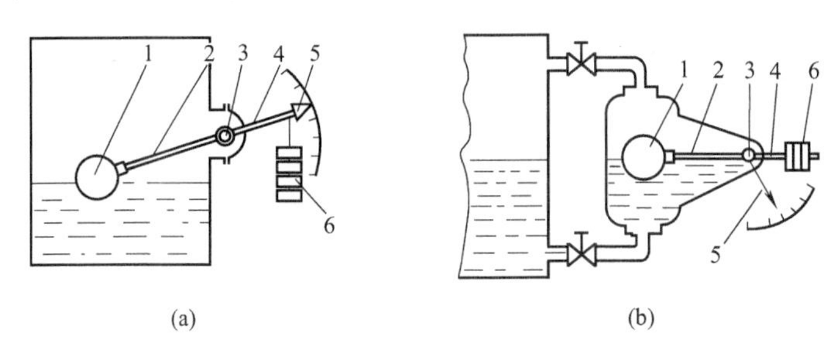

图 3-9　浮球式液位计结构

1—浮球；2—连杆；3—转动轴；4—杠杆；5—指针标尺；6—平衡锤

当液位升高或降低时，系统的力矩平衡将被破坏，因而浮球也要随之升高或降低，直至达到新的平衡。若在转轴 3 的外端装一指针，如图 3-9(a) 所示，便可从输出的角位移中知道液位的高低。

浮球式液位计，可将其检测元件浮球直接装在容器内部（内浮球式），如图 3-9(a) 所示。当容器直径很小时，可根据连通原理，在容器外侧设置一浮球室与容器相连通（外浮球式），如图 3-9(b) 所示。外浮球式结构便于维修，但不适用于黏稠或易结晶、易凝固的液体的检测。而内浮球式液位计则不受其影响。

由于浮球式液位计的结构与浮标式液位计的结构相比较，要复杂，需要用轴、轴套、填料密封等构件组成，这样才能达到既保证密封，又能将浮球的位移传递出去。因此在进行安装、检修时应充分考虑摩擦、润滑以及介质对仪表各部件的腐蚀等问题。否则将会给测量造成很大的误差。另外，应特别指出的是，浮球、杠杆、转动轴等各部件的连接应该做到既牢固，又灵活，以免日久天长，发生浮球脱落酿成严重事故。

在使用时应该经常清理浮球表面上的沉淀物或结晶的物质。当无法进行清理时，则需重新调整平衡锤的位置，对腐蚀性介质测量时必须注意检测元件的防腐处理，并定期进行检查，以保证必要的测量精度。

（3）磁翻板式液位计

图 3-10 为磁翻板式液位计，它利用浮子电磁性能传递液位信号，磁翻板 1 用极轻薄的导磁材料制成，装在摩擦条数很小的轴承上，磁翻板的两侧涂以非常醒目的不同颜色的漆。从液位起始点开始，每隔一段距离在磁翻板上刻上液位高度的具体数字。带有磁性的浮子 2 随液位变化而升降时，带动磁翻板翻转。若从左侧看，浮子以下翻板为一种颜色，浮子以上翻板为另一种颜色，磁翻板装在铝制支架上，支架长度和磁翻板数量随测量范围和精度而定，图 3-10 为 A、B、C 三块磁翻板正在翻转的情形。

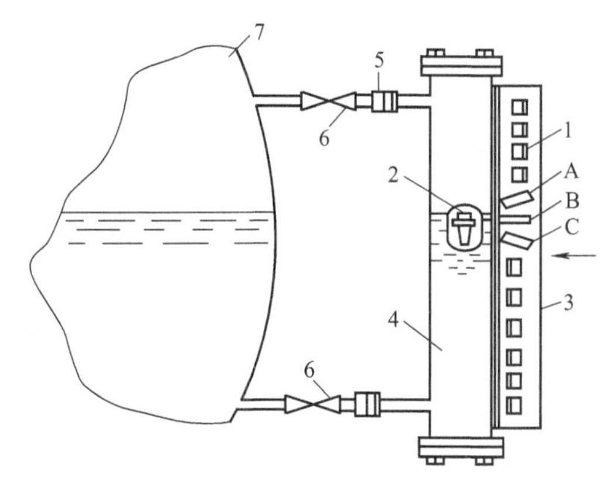

图 3-10　磁翻板式液位计结构

1—磁翻板；2—内装磁钢的浮子；3—磁翻板支架；4—连通器；5—连接法兰；6—连通阀；7—被测容器

这种液位计需垂直安装，连通器 4（即液位计外壳）与被测容器 7 之间应装阀 6，以便仪表的维修、调整。

磁翻板式液位计结构牢固，工作可靠，显示醒目，又是利用机械结构和磁性联系，故不会产生火花，宜在易燃易爆场合使用。其缺点是当被测介质黏度较大时，浮子与器壁之间易产生黏附现象，使摩擦增大。严重时，可能使浮子卡死而造成指示错误并引起事故。

3.3.3 变浮力式液位计

变浮力式液位计亦称浮筒式液位计，当液面不同时，沉筒浸泡于液体内的体积不同，因而所受浮力不同而产生位移，通过机械传动转换为角位移来测量液位。此类仪表能实现远传和自动调节。浮筒式液位计便是这类液位计的典型代表。浮筒式液位计测量范围大，最大可达 3000mm；既能够现场指示也能够进行信号远传；传感器部分在测量时发生机械位移，使其具有良好的可靠性，提高了变送器的测量精度及灵敏度；耐高温、高压，耐腐蚀性能强；现场调试方便，易于检查和维护。

3.3.3.1　浮筒式液位计原理

（1）传感器部分

浮筒式液位计的结构及工作原理

浮筒式液位计的结构如图 3-11 所示。浮筒是一不锈钢空心长圆柱体，垂直地悬挂在被测介质中。浮筒的重量大于同体积的液体重量，使浮筒不能漂浮在液面上，总是保持直立而不受液体高度的影响，故也称沉筒。

浮筒 6 悬挂在杠杆 4 一端，杠杆的另一端与扭力管 3、芯轴 2 的一端固连在一起，并由固定支点 5 所支承。扭力管的另一端通过法兰固定在仪表外壳 1 上。芯轴 2 是一种密封式的输出轴，利用扭力管的弹性变形把浮筒上的力变成芯轴的转动。芯轴的另一端伸出扭力管后是自由的，用来输出位移。扭力管 3 是一种密封式的输出轴，它一方面能将被测介质与外部间隔开，另一方面又能利用扭力管的弹性变形把浮筒上的力变成芯轴的转动。

当杠杆悬挂浮筒处的拉力为 f，在扭力管上产生的力矩为 M，扭力管产生的扭角变形

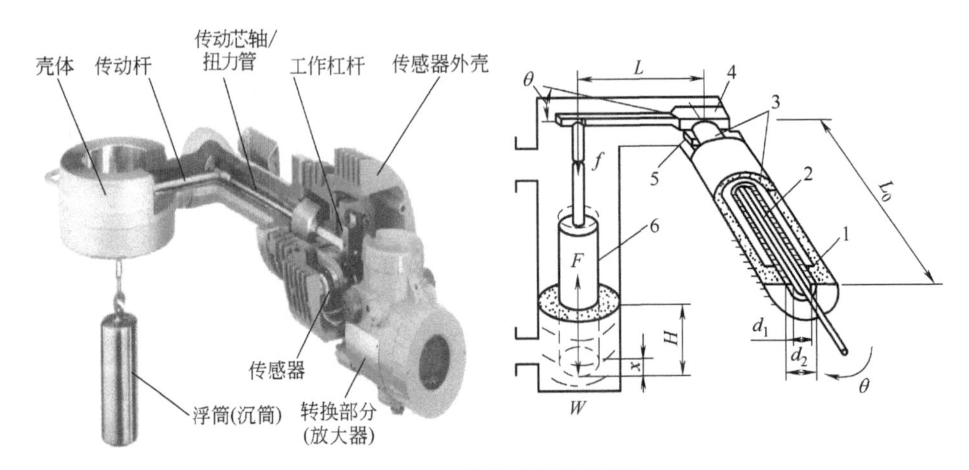

图 3-11 浮筒式液位计的结构

1—仪表外壳；2—芯轴；3—扭力管；4—杠杆；5—固定支点；6—浮筒

用 θ 表示，其大小：

$$\theta=\frac{32L_0M}{\pi C(d_2^4-d_1^4)}=\frac{32L_0L}{\pi C(d_2^4-d_1^4)}f=K_\theta f \tag{3-4}$$

式中 M——作用在扭力管上的扭力矩；

d_1、d_2——分别为扭力管的内、外径；

C——扭力管横向弹性系数；

L_0——扭力管的长度；

L——浮筒中心到扭力管中心的距离；

K_θ——常数，$K_\theta=\dfrac{32L_0L}{\pi C\ (d_2^4-d_1^4)}$。

由式可知，当液位为零时，即低于浮筒下端时，浮筒重力 W 全部作用在杠杆上，$f=W$ 最大，扭力管扭角达到最大，$\theta\approx7°$。

当液位上升时，浮筒浮力增大，拉力 f 减小，扭力管上的力矩减小，扭力管变形 θ 减小。通过杠杆，会使浮筒上升 $X=-\Delta\theta L$，浮力减小，最终达到扭矩平衡。

当液位为 H 时，浮筒的浸没深度为 $H-X$（X 为浮筒上移的距离），作用在杠杆上的力为：

$$f=W-A(H-X)\rho g \tag{3-5}$$

式中 ρ——液体的密度；

A——浮筒的截面积；

W——浮筒的重量。

与 $H=0$ 相比，力 f 的变化为：

$$\Delta f=-A(H-X)\rho g \tag{3-6}$$

式中，Δf 就是液位从 0 升高到 H 时，浮筒受到的浮力变化量。

随着液位的升高，扭力管产生的扭角减小，在液位最高时，扭角最小（约为 2°）。其扭力角变化 $\Delta\theta$，也就是输出芯轴角位移的变化量：

$$\Delta\theta=K_\theta\Delta f \tag{3-7}$$

由式(3-6)、式(3-7) 可导出

$$\Delta\theta=-\frac{K_{\theta}A\rho g}{1+K_{\theta}A\rho gL}H \tag{3-8}$$

$\Delta\theta$ 与液位 H 成正比关系，负号表示液位 H 越高，扭角 θ 越小。

（2）信号转换部分

浮筒式液位计信号转换部分包括振荡器、涡流差动变压器、解调器、直流放大器等。其结构如图 3-12 所示。

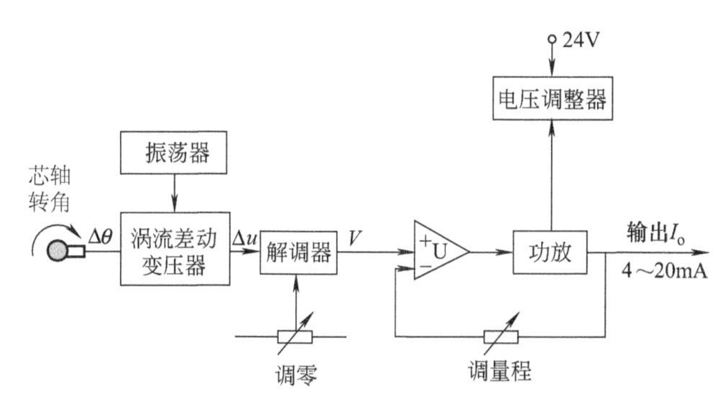

图 3-12　浮筒式液位计信号转换部分结构

其信号变换过程是芯轴带动差动变压器动臂传动时，输出线圈上的感应电压 Δu 变化与 $\Delta\theta$ 成正比。Δu 变为直流电压 U，送入差分放大器 U 放大，其输出电压经解调器将功率放大器转换为 4～20mA 电流 I_o 输出。

3.3.3.2　浮筒式液位计的种类

浮筒式液位计按其结构可分为弹簧平衡式、扭力管平衡式和力平衡式等。浮筒式液位计按浮筒在设备上的安装位置不同可分为内浮筒式和外浮筒式，内浮筒式即浮筒安装在设备的内部，外浮筒式即浮筒安装在设备的外部，两种类型的液位计外形如图 3-13 所示。

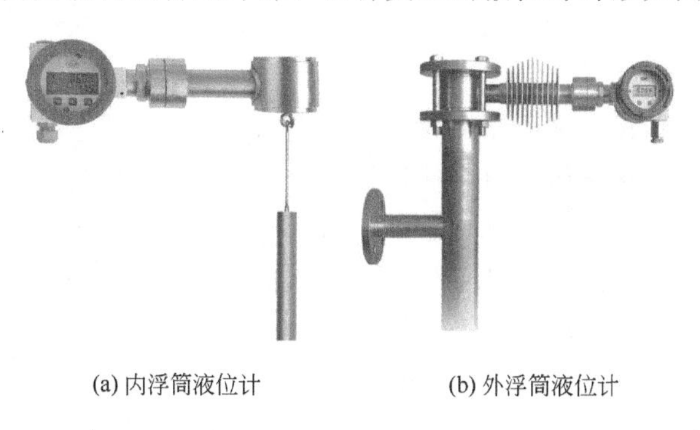

(a) 内浮筒液位计　　(b) 外浮筒液位计

图 3-13　浮筒式液位计外形

3.3.3.3　浮筒式液位计的校验

一般浮筒的校验可以分为干校法（也叫挂重法或挂砝码法）和水校法（也叫湿校法），其中干校法校验方便、准确、不需要繁杂的操作，水校法主要用于安装在现场不易拆开的外浮筒式液位仪表的校验中。

（1）干校法

用干校法校验时是将浮筒取下后，在传动杆上挂上砝码托盘，置与各校验点对应的某一

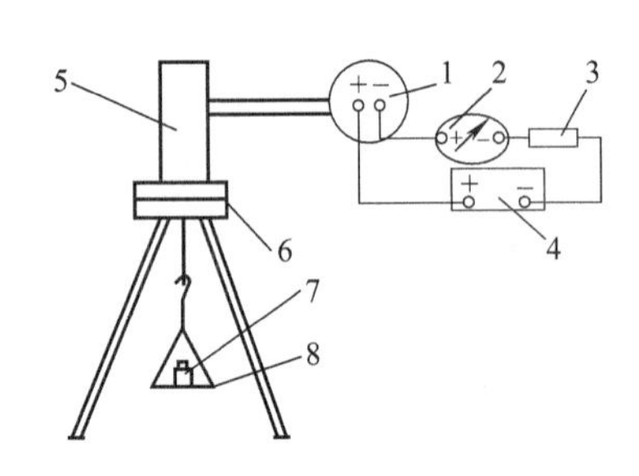

图 3-14 电动浮筒式液位变送器干校法接线图

1—浮筒液位计表尾；2—电流表；3—250Ω负载电阻；4—24V 直流稳压电源；5—浮筒；6—支架；7—砝码；8—托盘

质量的标准砝码，来模拟不同液位时浮筒（包括挂链）所产生的重力与该校验点所受的浮力之差。挂砝码遵循：挂重砝码的重力等于浮筒自身包括挂链的重力减去液位浮力，还要考虑减去挂砝码托盘的重力。即：

$$m_{砝码}=m_{浮筒}-\frac{1}{4}\pi d^2 L\rho_{液}-m_{托盘} \tag{3-9}$$

式中，$m_{砝码}$为挂砝码的质量；$m_{浮筒}$为浮筒的质量；d为浮筒的直径；$\rho_{液}$为被测介质的密度；$m_{托盘}$为托盘的质量；L 为液面的高度。

其校验装置如图 3-14 所示。

【例 3-1】 设一浮筒式液位计中浮筒的重力为 $W_1=14.41\text{N}$，挂链重力为 $W_2=0.46\text{N}$，$D=13\text{mm}$，$H=0\sim4600\text{mm}$，被测液体的密度为 $\rho_1=0.85\text{g/cm}^3$，液面上部气体密度为 $\rho_2=0.00165\text{g/cm}^3$，校验时所用托盘重力 $W_3=2.59\text{N}$，现求当液位为 0%、50%、100%时各校验点应分别加多重砝码？

解：由题意知，当液位为 0%，浮筒所受浮力 F_0 为零，即应加砝码重力为

$$W_0=14.41+0.46-2.59=12.28(\text{N})$$

当液位为 50%时，浮筒所受浮力 F_{50} 为（忽略液面上部气体产生的浮力）

$$F_{50}=\frac{\pi D^2}{4}\rho_1 g H_{50}=\frac{\pi\times13^2\times10^{-6}}{4}\times0.85\times10^3\times9.8\times2.3=2.54(\text{N})$$

故应加砝码重力： $W_{50}=14.41+0.46-2.54-2.59=9.74(\text{N})$

当液位为 100%时，浮筒所受浮力 F_{100} 为（忽略液面上部气体产生的浮力）

$$F_{100}=\frac{\pi D^2}{4}\rho_1 g H_{100}=\frac{\pi\times13^2\times10^{-6}}{4}\times0.85\times10^3\times9.8\times4.6=5.08(\text{N})$$

故应加砝码重力： $W_{100}=14.41+0.46-5.08-2.59=7.2(\text{N})$

（2）水校法

在生产现场对浮筒的校验可以采用水校法，其校验结构如图 3-15 所示，关闭浮筒上下游截止阀，保证无泄漏，从浮筒外筒底部排放引出一软管，软管另一端连接一玻璃管，其高度与浮筒测量范围一致。向外筒内注入被测介质，观察玻璃管液位高度调整表头使其准确。但是出于成本考虑可以把介质更换为水，因密度不同，则要计算高度差。校验时所加水位高度为 h 时对浮筒所产生的浮力与被测介质为 H 时对浮筒所产生浮力相等。因此在进行校验时要针对不同密度的介质换算加水的高度。

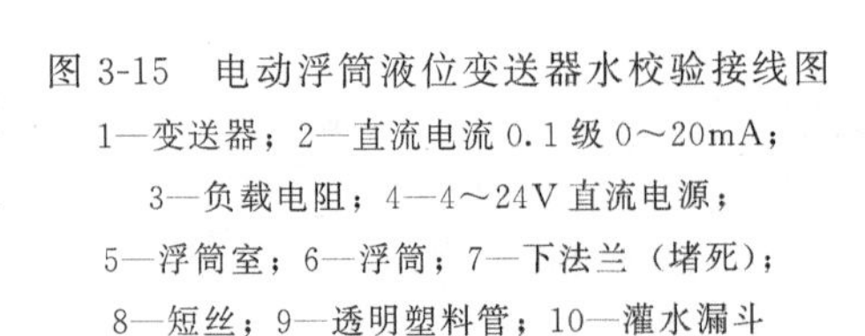

图 3-15 电动浮筒液位变送器水校验接线图

1—变送器；2—直流电流 0.1 级 0～20mA；3—负载电阻；4—4～24V 直流电源；5—浮筒室；6—浮筒；7—下法兰（堵死）；8—短丝；9—透明塑料管；10—灌水漏斗

① 被测量介质密度小于或等于水密度时

a. 根据被测介质密度和量程，由于水的密度为 1.0g/cm³，所以，计算满量程对应的灌水高度：

$$h_{水}=H_{介质}\,\rho \tag{3-10}$$

式中，$h_{水}$为灌水高度；$H_{介质}$为仪表量程（浮筒长度）；ρ为被测介质密度。

b. 零位调试：排空测量室内的清水，调整变送器零位电位器，使输出为4mA。

c. 满量程调试：向测量室内注入清水，使水位高度等于h，调整变送器量程电位器，使输出为20mA。

按b、c两步骤反复调整几次，直到输出信号满足精确度为止。

d. 将仪表的量程即浮筒的长度$H_{介质}$按0%、25%、50%、75%和100%划分为5点，计算出对应的灌水高度，则每点对应于变送器的输出电流分别为4mA、8mA、12mA、16mA和20mA，然后按5点校验法进行校验。

② 被测量介质密度大于水密度时

a. 当被测的介质密度大于水密度时，最高的灌水高度会高于浮筒的量程，此时则可用缩小输出电流范围的方法进行换算，如下式：

$$I=4+\frac{\rho_{水}}{\rho_{介}}\times 16\times 100\% \tag{3-11}$$

式中，I为输出电流，mA；$\rho_{水}$为水的密度；$\rho_{介}$为被测介质的密度。

该点作为量程电位器调试点。在调校前应先计算出4等分灌水高度所对应的输出电流值。

b. 零位调试：排空测量室内的清水，调整变送器零位电位器，使输出为4mA。

c. 满量程调试：向测量室内注入清水，使水位高度等于H，调整变送器量程电位器，使输出为式(3-11)的计算结果。

按b、c两步骤反复调整几次，直到输出信号满足精确度为止。

d. 计算出当灌水的液位高度分别为量程的0%、25%、50%、75%和100%时对应的输出电流信号值，然后按5点校验法进行校验。

③ 界位的调试

a. 根据两种不同的介质密度，计算出零点对应的水位高度h_{min}和满量程时所对应的水位高度h_{max}，如下式：

$$h_{min}=H\left(\frac{\rho_{轻}}{\rho_{水}}\right) \qquad h_{max}=H\left(\frac{\rho_{重}}{\rho_{水}}\right) \tag{3-12}$$

式中，h_{min}为零点对应的水位高度；h_{max}为满量程时所对应的水位高度；H为仪表量程（浮筒长度）；$\rho_{轻}$为轻介质密度；$\rho_{重}$为重介质密度；$\rho_{水}$为水密度。

在界位最高时可知此时灌水高度已经超过浮筒长度，可将零位下降至$h_{min}-(h_{max}-H)$处来进行校验，则灌水至满量程时输出正好为20mA。

b. 零点调试：向测量室内注入清水，使水位高度处于$h_{min}-(h_{max}-H)$时，调变送器零位电位器，使输出为4mA。

c. 满量程调试：向测量室内注入清水，使水位高度处于H时，调变送器量程电位器，使输出为20mA。

按b、c两步骤反复调整几次，直到输出信号满足精确度为止。

d. 将$h_{min}-(h_{max}-H)\sim H$作为灌水范围的上下限进行5点划分，则每点对应于变送器的输出电流分别为4mA、8mA、12mA、16mA和20mA，然后按5点校验法进行校验。

e. 校验结束后，再把浮筒灌水到h_{min}并通过变送器零点迁移把信号调整到4mA，完成全部校验工作。

【例 3-2】 用一浮筒液位变送器来测量界面，其浮筒长度 $L=500\text{mm}$，被测液体的密度分别为 $\rho_2=820\text{kg/m}^3$ 和 $\rho_1=1240\text{kg/m}^3$，试用水校法进行校验。

解：在最低界位时，变送器输出零点（4mA），此时浮筒全部被轻组分淹没，灌水高度为

$$h_{\min}=500\times\left(\frac{820}{1000}\right)=410(\text{mm})$$

在最高界位时，变送器指示为满刻度（20mA），此时浮筒全部被重组分淹没，灌水高度为

$$h_{\max}=500\times\left(\frac{1240}{1000}\right)=620(\text{mm})$$

将零位调至 410−(620−500)=290 处进行校验，其灌水高度与输出信号对应关系为

$H=0\%$，$H_{\min}=290\text{mm}$，输出信号 4mA

$H=25\%$，$H_{50\%}=290+(620-410)\times25\%=342.5(\text{mm})$，输出信号 8mA

$H=50\%$，$H_{50\%}=290+(620-410)\times50\%=395(\text{mm})$，输出信号 12mA

$H=75\%$，$H_{50\%}=290+(620-410)\times75\%=447.5(\text{mm})$，输出信号 16mA

$H=100\%$，$H_{\max}=290+(620-410)=500(\text{mm})$，输出信号 20mA

校验结束后，再把浮筒灌水到 410mm，并通过变送器零点迁移把信号调整到 4mA，完成全部校验工作。

3.4 反射式液位检测仪表

3.4.1 超声波式液位计

3.4.1.1 测量原理

超声波是频率在 20kHz 以上的机械振动波。具有很强的穿透能力，甚至可以穿透 10m 以上的钢板。在不同的介质中超声波的传播速度不同，而且也像光波一样具有反射、折射现象。

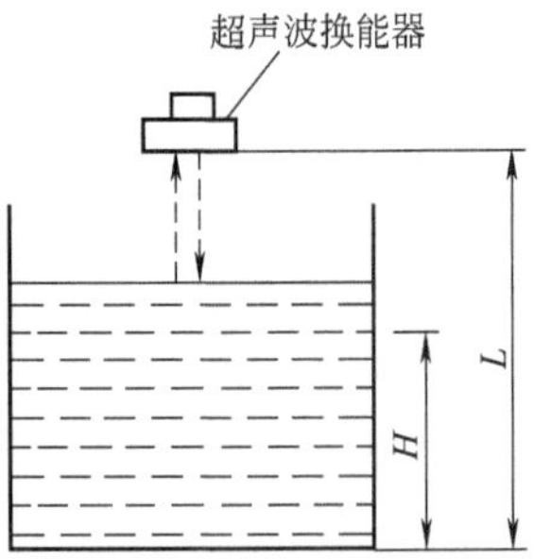

超声波换能器

L

H

图 3-16 超声波液位计检测原理

超声波液位计检测原理如图 3-16 所示。超声波换能器（也称超声波探头）以一定的频率发出超声波脉冲，在气液分界面处绝大多数被发射回来，由换能器所接受。当超声波的传播速度一定时，只要测出超声波从发射至接收到回波的时间差，就可以计算出超声波的传播距离，从而确定被测液位高度。被测液位之间的关系为：

$$H=L-\frac{1}{2}vt \tag{3-13}$$

式中，H 为被测液位高度，m；t 为超声波从发射至接收到回波的时间差，s；L 为超声波换能器到容器底部的距离，m；v 为超声波传播速度，m/s。

3.4.1.2 结构及功能

超声波液位计通常由两部分组成，即超声波换能器和主机。

（1）超声波换能器

超声波的发射和接受是利用超声波换能器完成的，换能器主要是利用压电晶体的压电效应来实现能量转换的。压电效应有正压电效应和反压电效应。如图 3-17 所示。

有些晶体，如石英等，当在它的两个面上施加高于 20kHz 的交流电压时，晶体片将沿其厚度方向做延长和压缩的交替变化，即产生了振动，其振动频率的高低与所加交变电压的频率相等。这样就能在晶体片的介质周围产生频率相同的声波。如果所加交变电压的频率是超声频率，晶体片发生的声波就是超声波，这样的效应叫反压电效应。根据这个原理制成了发射换能器。

当脉冲的外力作用在压电晶体片的两个对面上而使其形变时，就会有一定频率的交流电压输出，这种效应称为正压电效应。根据这个原理制成了接收换能器。

根据正压电效应和反压电效应制成了超声波的探头，其结构如图 3-18 所示，主要由外壳、压电元件、保护膜、吸收块和外接线组成。压电片的厚度与超声频率呈反比，两面敷有银层，作为导电的极板；保护膜的厚度取 1/2 波长的整数倍；阻尼块又称吸收块，用于在电振荡脉冲停止时，吸收声能量，防止惯性震动，保证脉冲宽度，提高分辨率。

(a) 反压电效应→发射换能器　(b) 正压电效应→接收换能器

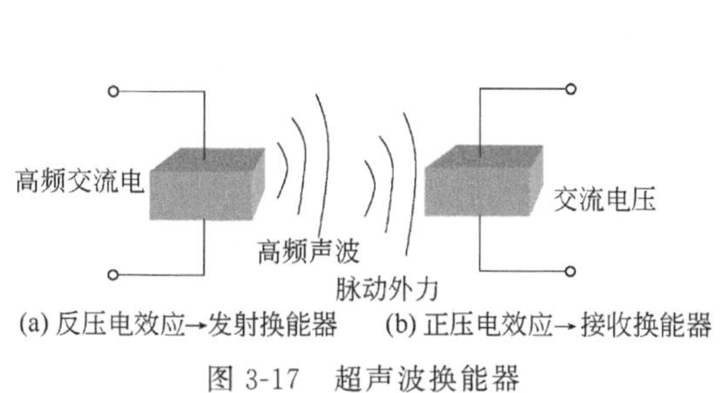

图 3-17　超声波换能器

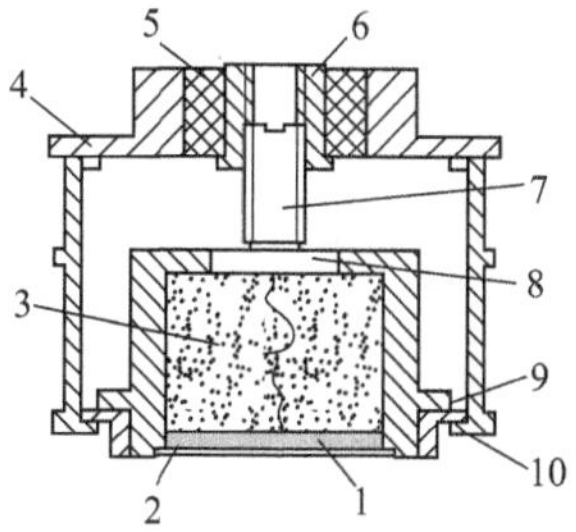

图 3-18　超声波探头结构

1—压电片；2—保护膜；3—吸收块；4—盖；5—绝缘柱；6—接线座；7—导线螺杆；8—接线片；9—座；10—外壳

（2）主机

如图 3-19 所示虚框部分为主机，其主要功能为：向发射换能器提供高频交流电；接收来自接收换能器的交流电压信号进行整流、计时、计算液位高度及输出显示。

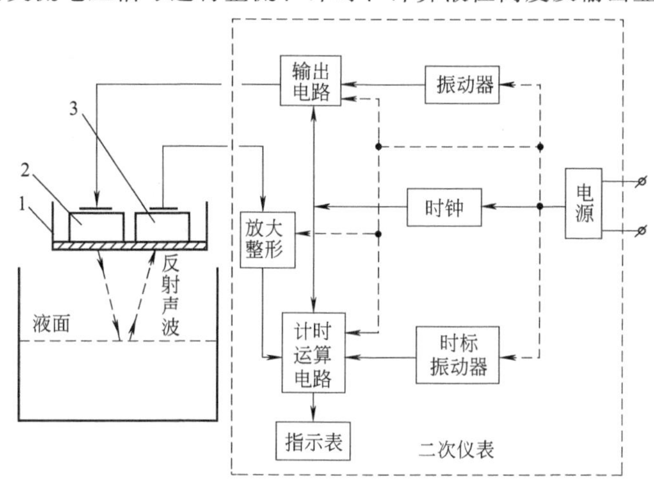

图 3-19　超声波液位计组成框图

1—探头座；2—发射换能器；3—接收换能器

3.4.1.3 超声波液位计的种类

根据结构形式不同，超声波液位计可分为一体化结构和分体式结构。一体化结构集传感、测量、显示于一体，因其使用方便、可靠、价格低廉得到越来越广泛的应用。分体式结构可实现远程显示。

根据探头的模式分为：自发自收单探头，测量方法有液介式、气介式、固介式，如图3-20所示。

液介式：$H=\frac{1}{2}vt$

气介式：$H=L-\frac{1}{2}vt$

固介式：$H=L-\frac{1}{2}vt$

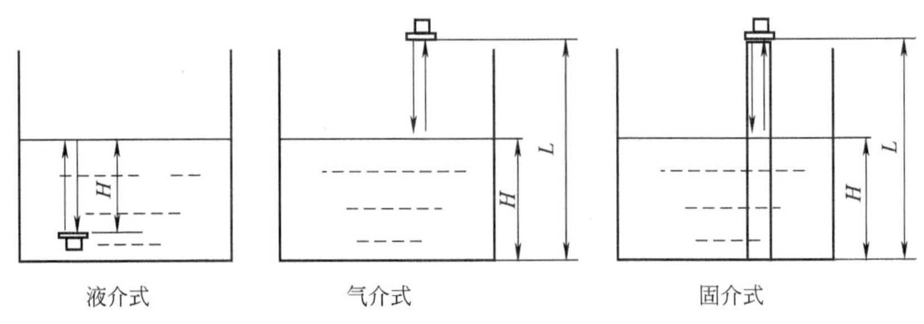

图3-20 自发自收单探头测量方式

一发一收双探头，测量方法有液介式、气介式、固介式，如图3-21所示。

液介式：$S=\frac{1}{2}vt \quad H=\sqrt{S^2-a^2}$

气介式：$S=\frac{1}{2}vt \quad H=L-\sqrt{S^2-a^2}$

固介式：$H=L-\frac{1}{2}v\left(t-\frac{d}{v_1}\right)$，式中 v_1 表示超声波在液体中的传播速度。

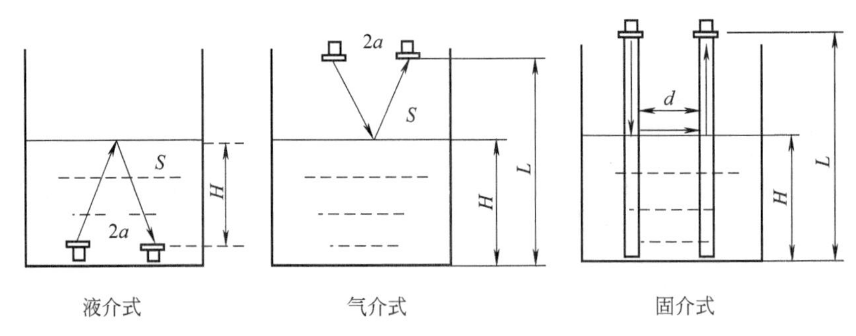

图3-21 一发一收双探头测量方式

S—声波总路程；$2a$—两探头之间距离

3.4.1.4 超声波液位计的校正

只要超声波在媒质中的传播速度恒定便可根据传播时间来确定液位。但是，声速还与媒质中的成分、温度和压力等因素有关。因此，很难将声速看成是一个不变的恒量。一般要用设置校正具的方法对声速进行校正。所谓校正具就是在传声媒质中相隔一定距离 L_0 安装一组探头反射板。如图 3-22 所示。

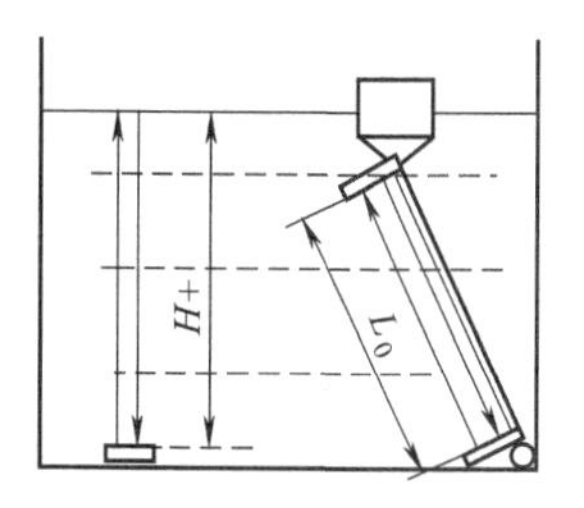

图 3-22　浮臂式校正法

因为 $H=\frac{1}{2}vt$，且 $L_0=\frac{1}{2}v_0t_0$，所以只要 $v=v_0$，则：

$$H=\frac{t}{t_0}L_0 \tag{3-14}$$

因此液位只与传播的时间有关，消除了声速不恒定造成的误差。

3.4.1.5　超声波液位计的特点

① 超声波液位计无可动部件，结构简单，寿命长。

② 仪表不受被测介质黏度、介电系数、电导率、热导率等性质的影响。

③ 可测范围广，液体、粉末、固体颗粒的物位都可测量。

④ 换能器探头不接触被测介质，因此适用于强腐蚀性、高黏度、有毒介质和低温介质的物位测量。

⑤ 超声波液位计的缺点是检测元件不能承受高温、高压。声速又受传输介质的温度、压力的影响，有些被测介质对声波吸收能力很强，故其应用有一定的局限性。另外电路复杂，造价较高。

3.4.2　雷达液位计

3.4.2.1　测量原理

雷达液位计是一种微波液位计，它是微波（雷达）定位技术的一种运用。微波从喇叭状或杆状天线向被测物料面发射微波，微波在不同介电常数的物料界面上会产生反射，反射微波（回波）被天线接收。微波的往返时间与界面到天线的距离成正比，测出微波的往返时间可以计算出物位的高度。

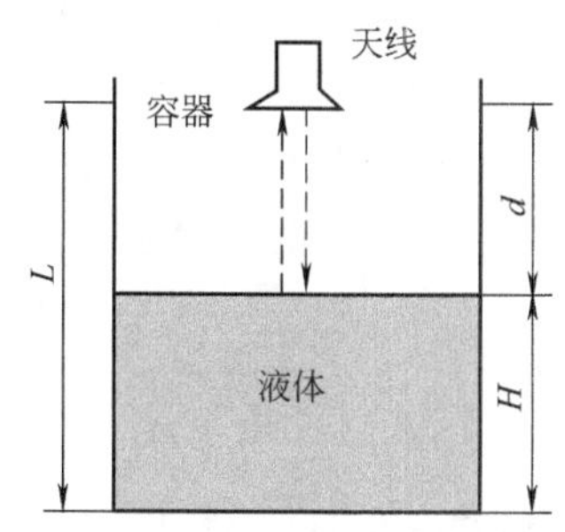

图 3-23　雷达液位计的基本原理

雷达液位计的基本原理如图 3-23 所示，雷达波的往返时间 t 正比于天线到液面的距离，即：

$$d=\frac{t}{2}C \tag{3-14}$$

被测液位：

$$H=L-d=L-C\frac{t}{2} \tag{3-15}$$

式中，C 为电磁波的传播速度，km/s；d 为被测液面到天线的距离，m；t 为雷达波的往返时间，s；L 为天线到罐底的距离，m；H 为液位高度，m。

由式(3-15) 可知，只要测得微波的往返时间 t，就可以计算出液位的高度 H。

3.4.2.2　雷达液位计的种类

（1）按声波发射方式分类

① 调频连续波式：功耗大，须采用四线制，电子电路复杂。

② 脉冲波式：功耗低，可用二线制的 24V DC 供电，容易实现本质安全，精确度高，

适用范围更广。

（2）按结构及测量方式分类

①天线式：与被测介质不直接接触，但易受干扰。

②导波式：与被测介质接触，但测量准确，不易受干扰。

3.4.2.3 雷达液位计的特点

① 雷达液位计采用一体化设计，无可动部件，不存在机械磨损，使用寿命长。

② 雷达液位计测量时发出的电磁波能够穿过真空，不需要传输媒介，具有不受大气、蒸气、槽内挥发雾影响的特点。

③ 雷达液位计几乎能用于所有液体的液位测量。

④ 采用非接触式测量，不受槽内液体的密度、浓度等物理特性的影响。

⑤ 测量范围大，最大的测量范围可达 0～35m，可用于高温、高压的液位测量。

⑥ 天线等关键部件采用高质量的材料，抗腐蚀能力强，适应腐蚀性很强的环境。

⑦ 功能丰富，具有虚假波的学习功能。输入液面的实际液位，软件能自动地标识出液面到天线的虚假回波，排除这些波的干扰。

⑧ 参数设定方便，可用液位计上的简易操作键进行设定，也可用手操器或装有专用软件的 PC 在远程或直接接在液位计的通信端进行设定，十分方便。

3.4.2.4 安装使用

雷达液位计能否正确测量，依赖于反射波的信号。如果在所选择安装的位置液面不能将电磁波反射回雷达天线或在信号波的范围内有干扰物反射干扰波给雷达液位计，雷达液位计都不能正确反映实际液位。因此，合理选择安装位置对雷达液位计十分重要，在安装时应注意以下几点。

① 雷达液位计天线的轴线应与液位的反射表面垂直。

② 槽内的搅拌阀、槽壁的黏附物和阶梯等物体，如果在雷达液位计的信号范围内，会产生干扰的反射波，影响液位测量。在安装时要选择合适的安装位置，以避免这些因素的干扰。

③ 喇叭型的雷达液位计的喇叭口要超过安装孔的内表面一定的距离（>10mm）。棒式液位计的天线要伸出安装孔，安装孔的长度不能超过 100mm。对于圆形或椭圆形的容器，应装在离中心为 $R/2$（R 为容器半径）距离的位置，不可装在圆形或椭圆形的容器顶的中心处，否则雷达波在容器壁的多重反射后，汇集于容器顶的中心处，形成很强的干扰波，会影响准确测量。

④ 对液位波动较大的容器的液位测量，可采用附带旁通管的液位计，以减少液位波动的影响。

安装完毕以后，可以用软件的 PC 机观察反射波曲线图，来判断液位计安装是否恰当，如不恰当，则进一步调整安装位置，直到满意为止。

3.5 其他液位检测仪表介绍

3.5.1 直读式液位计

（1）原理及特点

利用连通器原理，其特点如下。

① 玻璃液位计的长度为 300～1200mm。工作压力≤1.6MPa，耐温 400℃。

② 可就地指示较低的敞口或密闭容器的液位。

③ 玻璃液位计结构简单，价格低廉。

④ 不能测深色或黏稠的介质液位。

⑤ 信号不能远传和自动记录。

（2）结构及种类

直读式液位计按结构分为玻璃管式液位计、玻璃板式液位计及双色水位计，见图 3-24～图 3-26。

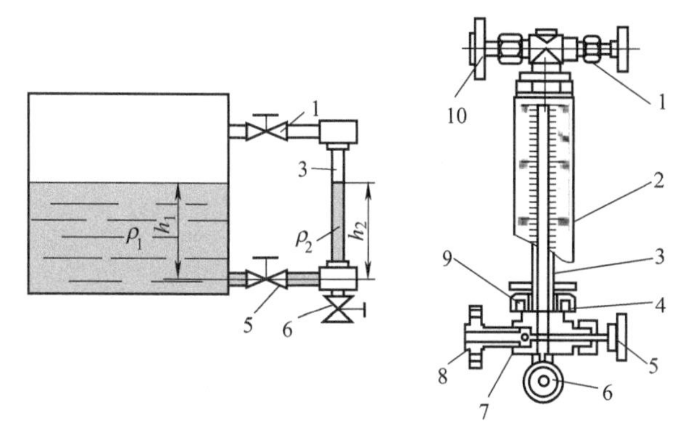

图 3-24 玻璃管式液位计结构

1,5—连通阀；2—标尺；3—玻璃管；4—密封填料；6—排污阀；7—放溢钢球；8,10—连接法兰；9—压盖

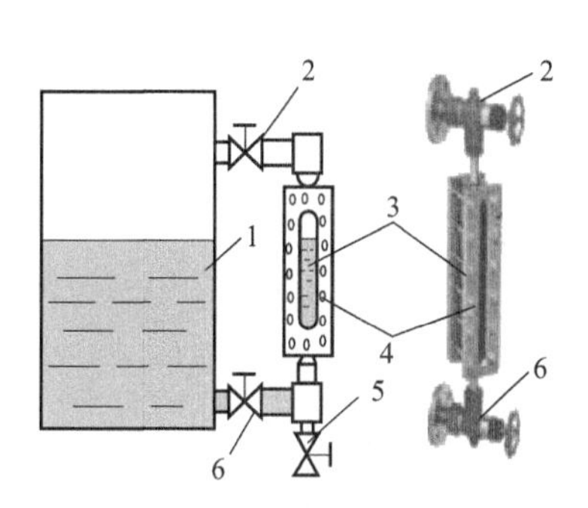

图 3-25 玻璃板式液位计结构

1—液罐；2—连通阀；3—玻璃板；4—金属压框；5—排污阀；6—连通阀

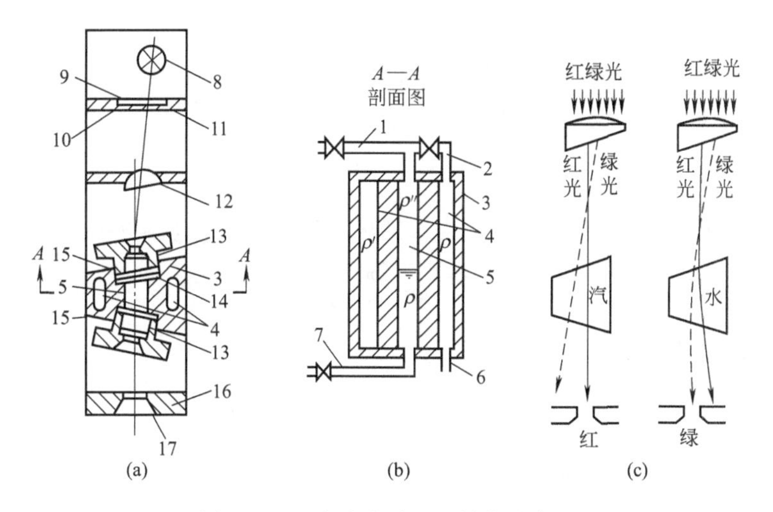

图 3-26 双色水位计原理结构示意图

1—上侧连通管；2—加热用蒸汽进气管；3—水位计钢座；4—加热室；5—测量室；6—加热蒸汽出口管；7—下侧连通管；8—光源；9—毛玻璃；10—红色滤光玻璃；11—绿色滤光玻璃；12—组合透镜；13—光学玻璃板；14—垫片；15—云母片；16—保护罩；17—观察窗

双色水位计的原理结构如图 3-26 所示。光源 8 发出的光经过红色和绿色滤光玻璃 10、11 后，红光和绿光平行到达组合透镜 12，由于透镜的聚光和色散作用，形成了红绿两股光束射入测量室 5。测量室是由水位计钢座 3、云母片 15 和两块光学玻璃板 13 等构成的。测

量室截面呈梯形，内部介质为水柱和蒸汽柱，见图 3-26(a)、(c)，连通器内水和蒸汽形成两段棱镜。当红、绿光束射入测量室时，绿光折射率较红光大（光的折射率与介质和光的波长有关）。在有水部分，由于水形成的棱镜作用，绿光偏转较大，正好射到观察窗口 17，因此水柱呈绿色，红光束因出射角度不同未能到达观察窗口；在测量室内蒸汽部分棱镜效应较弱，使得红光束正好到达观察窗口，而绿光因没发生折射不能射到窗口，因此汽柱呈红色。

3.5.2 电容式液位计

（1）测量原理

电容液位测量仪表是将液位的变化转换成电容量的变化来进行液位测量的仪表。

测量的基本原理：两个同轴圆筒极板组成的电容器，如图 3-27 所示，若在两圆筒之间隔以介电常数为 ε 的介质时，则此电容器的电容量 c 为

$$c=\frac{2\pi\varepsilon L}{\ln\dfrac{D}{d}} \tag{3-16}$$

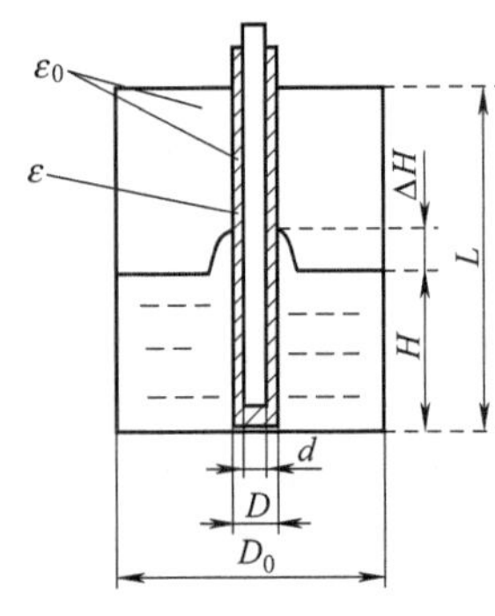

图 3-27 导电介质电容式液位计结构

式中，ε 为介电常数；D 为外极板直径；d 为内极板直径；L 为极板高度。

只要 ε、L、D、d 中任何一个参数发生变化，就会引起电容量 c 的变化。电容液位测量仪表就是将物位变化转换成这些参数的变化，从而引起电容值变化而制成的。

① 导电液体的测量原理 内电极是直径为 d 的金属棒，外套绝缘管或涂以搪瓷作为电介质和绝缘层。

如果导电介质液位高度为 H 时，则电容值由两部分构成，上半部分的电容极板间的 ε′为空气的介电常数，而下半部分的 ε 为被测介质的介电常数，于是整个电容器的电容量为：

$$C=\frac{2\pi\varepsilon H}{\ln(D/d)}+\frac{2\pi\varepsilon'}{\ln(D_0/d)}(L-H) \tag{3-17}$$

当容器中的液体放空，即 $H=0$ 时，内电极直径为 d，外电极直径为 D_0，电容量为：

$$C_0=\frac{2\pi\varepsilon'}{\ln(D_0/d)}L \tag{3-18}$$

所以，当液位高度为 H 时，电容的变化量为：

$$\Delta C=\frac{2\pi\varepsilon H}{\ln(D/d)}+\frac{2\pi\varepsilon'}{\ln(D_0/d)}H \tag{3-19}$$

若 $D_0\gg d$，而 $\varepsilon'\ll\varepsilon$，则上式第二项可忽略，于是可得到电容变化量为：

$$\Delta C=\frac{2\pi\varepsilon H}{\ln(D/d)}=K_i H \tag{3-20}$$

$$K_i=\frac{2\pi\varepsilon}{\ln(D/d)}$$

介电常数 ε 越大，D 与 d 的值越接近，则仪表的灵敏度越高。

在测量黏性导电介质时，由于介质沾染电极相当于增加了液位的高度。这增加高度 ΔH 是一个虚假的液位，为消除虚假液位的形成，通常采用如下方法：

a. 采用与被测介质亲和力小的材料做电极套管，以减小液体的沾染；

b. 采用隔离型电极。

② 非导电液体的测量原理　非导电液体用电容传感器内电极是直径为 d 的金属棒，外电极为与内电极相绝缘的同轴金属套管，工作时电介质为被测的非导电液体。如图 3-28 所示。

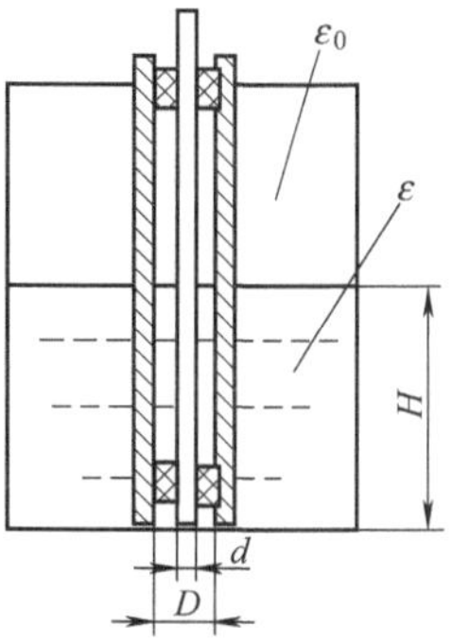

当液位为 H 时，电容变化为：

$$\Delta C=\frac{2\pi(\varepsilon-\varepsilon_0)H}{\ln(D/d)}=K_\mathrm{i}H \tag{3-21}$$

若被测介质为非黏性导电液体，其测量结果也会受到虚假液位的影响，但一般很小，可以忽略。

图 3-28　非导电介质电容式液位计结构

（2）特点及注意事项

电容式液位计是利用被测介质液面变化影响液位计电容值的变化原理设计的，特点是：无可动部件，与物料密度无关，但要求物料的介电常数与空气介电常数相差比较大，且在电容量的检测中使用高频电路，对信号传输时的屏蔽提出了较高要求。同时介质在不同温度、浓度时，介电常数会改变，所以不能用于较精确的测量。使用时的注意事项如下。

① 电极必须垂直安装，安装前要校直。

② 注意不要把电极安放在管口、孔、凹坑等里面，以防止介质停留而造成误动作。

③ 仪表的同轴电缆芯线不允许进水，必须严格予以注意。

④ 同轴电缆不许切断和加长，因为在校验中已计入初始电容量，否则将影响零点和整个线性。

⑤ 当被测介质改变后（指浓度和温度与仪表调整时的被测介质相比），需重新调整仪表（即校核仪表的零点和满刻度值）。

⑥ 当周围温度与调整时的温度偏离过大时，则必须重新调整仪表，以减小温度的附加误差。也可将显示仪表安放在周围环境温度变化较小的室内。

3.5.3　核辐射式物位计

（1）测量原理

放射性同位素的辐射线射入一定厚度的介质时，部分粒子因克服阻力与碰撞动能消耗被吸收，另一部分粒子则透过介质。射线的透射强度随着通过介质层厚度的增加而减弱，在测定通过介质后的射线强度就可知道介质的厚度。如图 3-29 所示。

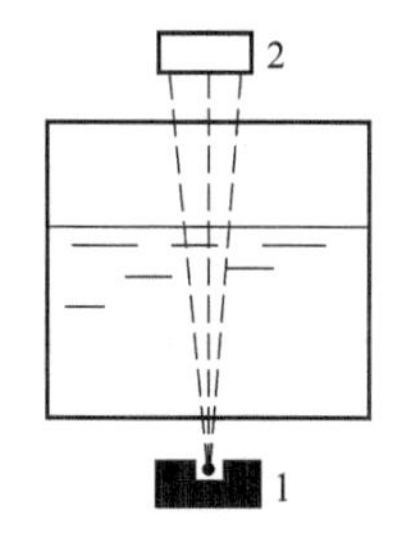

图 3-29　核辐射式物位计示意

1—辐射源；2—接收器

入射强度为 I_0 的放射源，其射线强度随介质厚度而呈指数规律衰减，即

$$I=I_0\mathrm{e}^{-\mu H} \tag{3-22}$$

介质层的厚度，在这里指的是液位和料物的高度，这就是放射线检测物位法。

（2）特点

① 优点

a. 可以不接触被测物质，适用于测量高温、高压、强腐蚀、剧毒、有爆炸性等物质。

b. 几乎不受任何外界环境的干扰，测量数值非常精确。

② 缺点

a. 安装和日常维护比较烦琐。

b. 放射性物质对人体有害，使用时有一定的危险性。

任务 4

浮筒式液位计的校验

浮筒式液位计的校验过程

一、实验目的

① 了解浮筒式液位计的结构及工作原理。

② 掌握浮筒式液位计干校法的校验步骤。

③ 能正确安装浮筒式液位计并能够进行液位测量。

二、实验设备

① 浮筒式液位变送器，量程 600mm，精度。

② 砝码及托盘，量程 1～1000g。

③ 精密电流表，量程 0～25mA，精度 0.025 级。

④ 24V 直流稳压电源。

⑤ 精密电阻，250Ω。

三、实验步骤

1. 接线

按图 3-14 的连接方法进行接线。

2. 读铭牌记录相关数据

观察浮筒式液位计表头后方的铭牌，找到相关数据并记录填于表 3-1，同时使用电子秤，称出托盘的质量，以供计算使用。

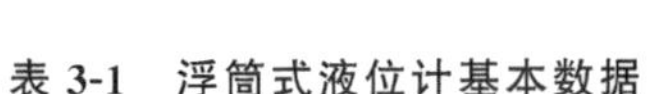

表 3-1　浮筒式液位计基本数据

项目	参数	项目	参数
沉筒质量	1kg	量程	0.6m
筒径	0.035m	介质密度	1.0×10^3kg/m^3
托盘质量	0.026kg		

3. 计算应挂砝码质量

界位为 0%、25%、50%、75%、100%挂砝码的质量分别为

$$m_{0\%}=m_{筒}-\frac{1}{4}\pi d^2(0\%\times H_{筒})\rho_{液}-m_{托}$$

$$=1-\frac{1}{4}\times3.14\times0.035^2\times0\%\times0.6\times1\times10^3-0.026=0.974(\mathrm{kg})$$

$$m_{25\%}=m_{筒}-\frac{1}{4}\pi d^2(25\%\times H_{筒})\rho_{液}-m_{托}$$

$$=1-\frac{1}{4}\times3.14\times0.035^2\times25\%\times0.6\times1\times10^3-0.026=0.830(\mathrm{kg})$$

$$m_{50\%}=m_{筒}-\frac{1}{4}\pi d^2(50\%\times H_{筒})\rho_{液}-m_{托}$$

$$=1-\frac{1}{4}\times3.14\times0.035^2\times50\%\times0.6\times1\times10^3-0.026=0.686(\mathrm{kg})$$

$$m_{75\%}=m_{筒}-\frac{1}{4}\pi d^{2}(75\%\times H_{筒})\rho_{液}-m_{托}$$

$$=1-\frac{1}{4}\times 3.14\times 0.035^{2}\times 75\%\times 0.6\times 1\times 10^{3}-0.026=0.541(\text{kg})$$

$$m_{100\%}=m_{筒}-\frac{1}{4}\pi d^{2}(100\%\times H_{筒})\rho_{液}-m_{托}$$

$$=1-\frac{1}{4}\times 3.14\times 0.035^{2}\times 100\%\times 0.6\times 1\times 10^{3}-0.026=0.397(\text{kg})$$

4.调整及校验

① 在砝码盘里放置1kg的砝码，调整下限旋钮Z使输出为4mA。

② 在砝码盘里放置0.423kg的砝码，调整上限旋钮S使输出为20mA。

③ 按零点与满量程调试步骤反复调整几次即可。

④ 中间各点的校验，根据计算出的砝码的质量，每份砝码对应的电流输出分别应为4mA、8mA、12mA、16mA、20mA。

四、数据处理

计算各点的绝对误差和变差，找出最大绝对误差和最大变差，均填入表3-2中。将最大绝对误差和最大变差与仪表的允许误差比较，若超过允许误差，则要继续调零的步骤，直到仪表的最大绝对误差和最大变差均小于仪表的允许误差，此时才满足要求。

表3-2　浮筒干校法校验单

<table>
<tr><td colspan="2">仪表名称</td><td colspan="2">浮筒液位计</td><td>型号选项</td><td></td><td>出厂编号</td><td colspan="2"></td></tr>
<tr><td colspan="2">制造厂</td><td colspan="2"></td><td>精确度</td><td></td><td>出厂量程</td><td colspan="2"></td></tr>
<tr><td colspan="2">输入</td><td colspan="2"></td><td>允许误差</td><td></td><td>介质密度</td><td colspan="2"></td></tr>
<tr><td colspan="2">输出</td><td colspan="2"></td><td>沉筒直径</td><td></td><td>托盘质量</td><td colspan="2"></td></tr>
<tr><td colspan="2">沉筒重量</td><td colspan="2"></td><td>电源</td><td></td><td></td><td colspan="2"></td></tr>
<tr><td colspan="3">标准表名称</td><td colspan="2"></td><td></td><td></td><td colspan="2"></td></tr>
<tr><td colspan="3">标准表精度</td><td colspan="2"></td><td></td><td></td><td colspan="2"></td></tr>
<tr><td colspan="3" rowspan="2">输　入</td><td colspan="6">输　出</td></tr>
<tr><td>标准值</td><td colspan="5">实测值/mA</td></tr>
<tr><td>kg</td><td>m</td><td>%</td><td>(mA)</td><td>上行</td><td>误差</td><td>下行</td><td>误差</td><td>变差</td></tr>
<tr><td></td><td></td><td></td><td></td><td></td><td></td><td></td><td></td><td></td></tr>
<tr><td></td><td></td><td></td><td></td><td></td><td></td><td></td><td></td><td></td></tr>
<tr><td></td><td></td><td></td><td></td><td></td><td></td><td></td><td></td><td></td></tr>
<tr><td></td><td></td><td></td><td></td><td></td><td></td><td></td><td></td><td></td></tr>
<tr><td></td><td></td><td></td><td></td><td></td><td></td><td></td><td></td><td></td></tr>
<tr><td></td><td></td><td></td><td></td><td></td><td></td><td></td><td></td><td></td></tr>
<tr><td></td><td></td><td></td><td></td><td></td><td></td><td></td><td></td><td></td></tr>
<tr><td colspan="3">最大绝对误差</td><td colspan="6"></td></tr>
<tr><td colspan="3">最大绝对变差</td><td colspan="6"></td></tr>
<tr><td colspan="9">结论：</td></tr>
<tr><td colspan="9">校验人：　　　　　　　　　　　　　　　　年　　　月　　　日</td></tr>
</table>

3.6 物位仪表的选用

物位仪表应在深入了解工艺条件、被测介质的性质、测量控制系统要求的前提下，根据物位仪表自身的特性进行合理的选配。

3.6.1 根据测量要求选择

① 要根据测量范围、需要的精度及测量功能来选择。

② 测量仪表面对的环境，如石油化工的工业环境，有可燃（有毒）和爆炸危险气氛的存在，高的环境温度等。

③ 被测介质的物理化学性质和状态，如强酸、强碱、黏稠、易凝固结晶和汽化等工况。

④ 操作条件的变化，如介质温度、压力、浓度的变化。有时还要考虑到从开车到参数达到正常生产时，气相和液相浓度和密度的变化。

⑤ 被测对象容器的结构、形状、尺寸、容器内的设备及各种进出料管口都要考虑，如塔、溶液槽、反应器、锅炉汽包、立灌、球罐等。

⑥ 其他要求，如环保及卫生等要求。

3.6.2 根据测量方法选择

① 工程仪表选型要有统一的考虑，要求尽可能地减少品种规格，减少备品备件，以利管理。

② 根据工艺专利商的具体要求选择。

③ 根据实际的工艺情况选择。

a. 考虑被测对象是属于哪一类设备。如槽、罐类，槽的容积较小，测量范围不会太大；罐的容积较大，测量范围可能较大。

b. 要看介质的物化性质及洁净程度，首选常规的差压式变送器及浮筒式液位变送器，还要对接触介质部分的材质进行选择。

c. 对有些悬浮物、泡沫等介质可用法兰式差压变送器。有些易析出、易结晶的用插入式双法兰式差压变送器。

d. 对高黏度介质的液位计高压设备的液位，由于设备无法开孔，可选用放射性液位计来测量。

e. 除了测量方法上和技术上问题外，还有仪表投资问题。

综上所述，液位测量方法的选择，从技术上要可行，经济上要合理，管理上要方便。物位仪表选型可参见表 3-3。

表 3-3　液位、界位、料位测量仪表的选型推荐表

测量对象 \ 仪表类型		差压式	浮筒式	磁性浮子式	电容式	带式浮子式	吹气式	电极式	辐射式
液体	位式	可	好	好	好	差	好	好	好
	连续	好	可	好	好	好	好	—	好
液/液界面	位式	可	可	—	好	—	—	差	—
	连续	可	可	—	好	—	—	—	—
泡沫液体	位式	—	—	差	好	—	—	好	—
	连续	—	—	差	可	—	—	—	—
脏污液体	位式	可	差	差	好	—	差	好	好
	连续	可	可	差	差	差	可	—	好
粉状固体	位式	—	—	—	可	—	—	差	好
	连续	—	—	—	可	—	—	—	好
粒状固体	位式	—	—	—	好	—	—	差	好
	连续	—	—	—	可	—	—	—	好
块状固体	位式	—	—	—	可	—	—	差	好
	连续	—	—	—	可	—	—	—	好
黏湿性固体	位式	—	—	—	好	—	—	好	好
	连续	—	—	—	可	—	—	—	好

思考练习

3-1　物位仪表分类及特点是什么？

3-2　差压式液位计在进行液位测量时为什么要进行零点迁移？

3-3　法兰式差压液位计在测量时需要进行迁移吗？应该进行什么迁移？迁移量是多少？

3-4　用双法兰式液面计测量闭口容器的界位，如图 3-30 所示。已知：$h_1=20\text{cm}$，$h_2=20\text{cm}$，$h_3=200\text{cm}$，$h_4=30\text{cm}$，$\rho_1=0.8\text{g/cm}^3$，$\rho_2=1.1\text{g/cm}^3$，硅油密度 $\rho_0=0.95\text{g/cm}^3$，求：(1) 仪表的量程和迁移量；(2) 仪表在使用过程中改变了位置，对输出有无影响？

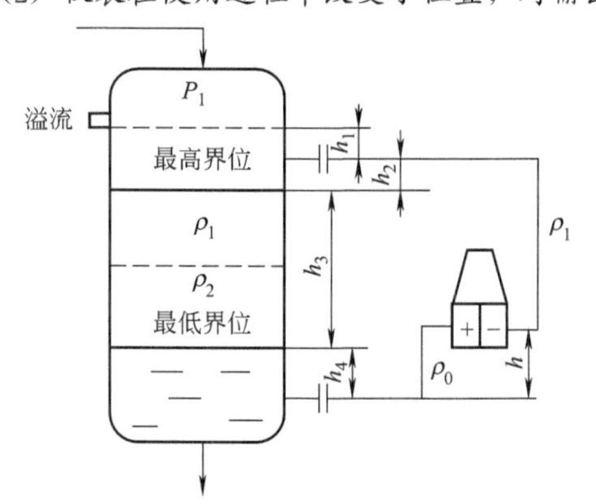

图 3-30　用双法兰式液面计测量闭口容器的界位

3-5 如图 3-31 所示，用差压变送器测量密闭容器的液位。已知 $h_1=50\text{cm}$，$h_2=200\text{cm}$，$h_3=140\text{cm}$，被测介质的密度 $\rho=0.85\text{g/cm}^3$，负压管内的隔离液为水，求变送器的调校范围和迁移量。

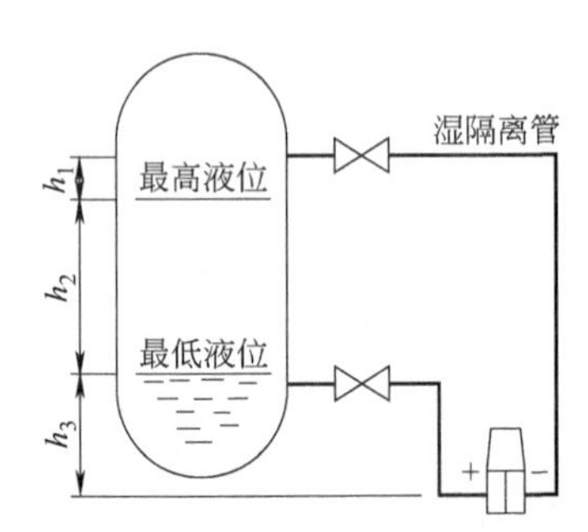

图 3-31 用差压变送器测量密闭容器的液位

3-6 简述浮筒式液位计的工作原理。

3-7 什么是浮筒式液位计的干校法？适用什么场合？挂砝码遵循什么原则？

3-8 被测介质密度 0.83g/cm^3，浮筒包括挂链的质量为 1003g，托盘的质量 87.8g，筒长 800mm，筒直径 38.29mm，确定在校验 0%、25%、50%、75%、100%各点时所加的砝码质量。

3-9 某装置溶剂再生塔液面采用浮筒式液位计测量，量程 800mm，被测介质密度 1.1g/cm^3，现场如何用水换算校验？

3-10 什么是超声波？其发射和接收通过什么设备实现？

3-11 雷达液位计的工作原理是什么？

3-12 电容式液位计的工作原理是什么？

项目四

流量检测仪表的认识及使用

流量检测仪表是过程控制装置中的重要仪表之一，它被广泛应用于石油化工、冶金电力、交通建筑、食品医药、农业环保及人民日常生活等国民经济的各个领域，是发展工农业生产、节约能源、改进产品质量、科学进步发展、提高经济效益和管理水平的重要工具，在国民经济中占有重要的地位。

任务描述

仪表的校验是仪表维修工的另一项基本工作，企业在进行大修时要将装置上的所有仪表进行从新校验和标定，对于不合格的仪表要进行淘汰和更换，针对项目一的原料配比工段中流量检测仪表进行维护和检修，并对其中典型的流量检测仪表——差压式流量变送器进行校验，经过校验合格的仪表再重新安装到管道及装置上。

必备知识

4.1 流量检测技术概述

4.1.1 流量检测的基本概念

流体流过管道或设备某截面处的数量称之为流量，也称瞬时流量。根据工艺要求不同，可分为瞬时流量和累积流量。

(1) 瞬时流量

单位时间内流过管道某截面流体的数量。它可以分别用体积流量和质量流量来表示。

① 体积流量是单位时间内流过某截面的流体的体积数，用 q_v 表示。设流体流过管道某截面的一个微小面积为 dA，通过微小面积上的流速为 v，在时间 t 内通过的微小距离为 L，该段体积为 dV，则流体通过微小面积的体积流量为

$$dq_v=\frac{dV}{t}=\frac{L\,dA}{t}=v\,dA$$

因此，流体通过管道整个截面的体积流量为：$q_v=\int_0^A v\,dA$

当已知管道面的平均流速 $\overline{v}$ 时，体积流量可表示为：

$$q_v=\overline{v}A \tag{4-1}$$

式中，A 为管道的截面积，m^2。

体积流量的单位为 m^3/s、m^3/h、L/h 等。

② 质量流量是单位时间内流过某截面的流体的质量数，用 q_m 表示。若流体的密度为 ρ，则质量流量可由体积流量导出，表示为：

$$q_m = q_v\rho = \rho v A \tag{4-2}$$

式中，q_m 为质量流量；ρ 为介质密度。

质量流量的单位为 kg/s、t/h、kg/h 等。

（2）累积流量

累计流量指的是在某一段时间内流过管道的流体流量的总和，也称为总量。在数值上等于流量对时间的积分，因此体积总量和质量总量可分别表示为：

$$Q_v = \int_0^t q_v \mathrm{d}t \qquad Q_m = \int_0^t q_m \mathrm{d}t \tag{4-3}$$

体积流量 Q_v 的单位为 m^3 或 L；质量总量 Q_m 的单位为 kg 或 t。

4.1.2 流量检测仪表的分类

测量流量的仪表称为流量计或流量表，测量总量的仪表一般叫计量表。

流量检测仪表的分类目前还没有统一的规定，根据不同的原则有不同的分类方法。如目的、原理、方法和结构、流体的形式以及用途等形式，表 1-3 为流量检测仪表分类比较表。总体说来，流量检测仪表按测量原理可分为三类。

① 速度式流量计：以流体在管道内的流动速度作为测量依据，根据 $q_v = vA$ 原理测量流量。

② 容积式流量计：以流体在流量计内连续通过的标准体积 V_0 的数目 N 作为测量依据，根据 $V = NV_0$ 进行累积流量的测量。

③ 质量式流量计：直接利用流体的质量流量 q_m 为测量依据，测量精度不受流体的温度、压力、黏度等变化的影响，如科里奥利质量流量计等。

4.1.3 流量检测的意义

① 对流体流量进行正确的测量和调节是保证生产过程安全经济运行、提高产品质量、降低物质消耗、提高经济效益、实现科学管理的基础。

② 能源计量用流量计往往跟企业的效益有直接的联系，是进行贸易结算的依据，是进行能源的科学管理、提高经济效益的重要手段。在能源计量中，使用了大量的流量计，例如石油工业，从石油开采、储运、炼制直到贸易销售，任何一个环节都离不开流量计。

4.2 差压式流量计

差压式流量计工作原理

差压式（也称节流式）流量计是基于流体流动的节流原理，利用流体流经节流装置时产生的压力差而实现流量测量的。它是目前生产中测量流量最成熟、最常用的方法之一。通常差压式流量计由节流装置、差压变送器以及显示仪表所组成。在单元组合仪表中，由节流装置产生的压差信号，经常通过差压变送器转换成相应的标准信号（电的或气的），以供显示、记录或控制用。

4.2.1 测量原理

(1) 节流现象

管道中流动的流体经过通道截面突然缩小的阀门、狭缝及孔口等部分后发生压力降低的现象称为节流现象。这些能够导致节流现象的阀门、狭缝及孔口都可以称为节流元件，流体通过节流元件后，改变了流体的流通截面，使流体流动速度发生变化，从而引起流体产生压力差。

(2) 节流原理

充满管道的流体，当它流经管道内的节流元件时，如图 4-2 所示，流束将在节流元件处形成局部收缩，因而使流速增加，则动能增加，根据能量守恒原理，流体流动时具有的总能量是不变的，由于管道是水平的，则势能不变，那么动能增加就会导致静压能降低，于是在节流元件前后产生压差，流体流量越大，产生的压差越大。这样可依据压差来反映流量的大小。这种检测方法是以流体流动的连续性方程（质量守恒定律）和伯努利方程（能量守恒定律）为基础的。在此，差压的大小除与流量有关外，还与其他许多因素有关，如当节流装置形式和管道内流体的物理性质（密度、黏度）不同时，在同样大小的流量下产生的压差也是不同的。

流量基本方程式是以流体力学中的连续性方程和伯努利方程为依据，联立推出的。

设图 4-1 所示的水平管道中有连续稳定流动的理想流体。在截面Ⅰ-Ⅰ到Ⅱ-Ⅱ截面之间没有能量损失，且在截面Ⅰ-Ⅰ到Ⅱ-Ⅱ截面处的流速、流体密度和静压力分别为 v_1、v_2，ρ_1、ρ_2，P_1'、P_2'。由此可写出两截面上流体的伯努利方程为：

$$\frac{P_1'}{\rho_1}+\frac{v_1^2}{2}=\frac{P_2'}{\rho_2}+\frac{v_2^2}{2} \tag{4-4}$$

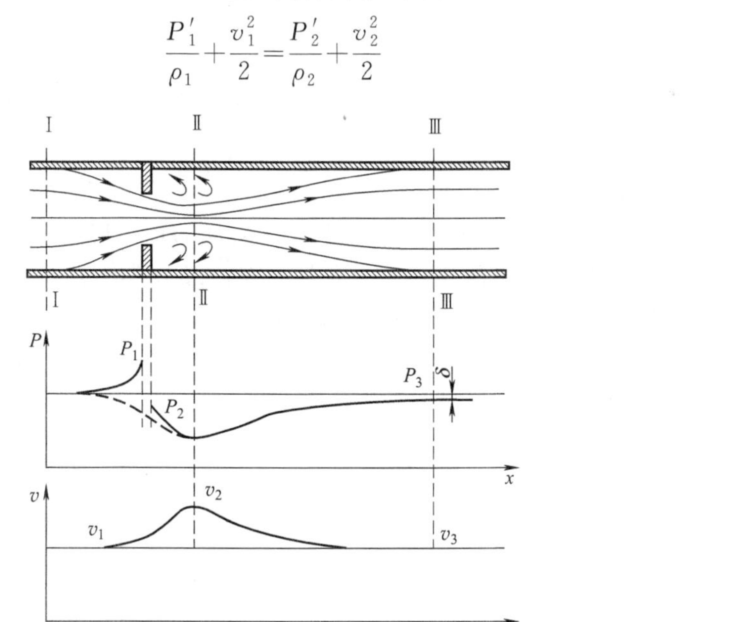

图 4-1 孔板附近的流速和压力的分布

因流体为理想流体，故可认为通过节流件前后的流体密度不变，即：$\rho_1=\rho_2=\rho$。又因为图 4-2 中的 P_1'、P_2'测量比较困难，故用 P_1、P_2 来分别代替 P_1'、P_2'。这样处理后，式(4-4) 可改写为：

$$v_2^2-v_1^2=\frac{2}{\rho}(P_1-P_2) \tag{4-5}$$

式中，P_1、P_2 为流体通过节流件前后近管壁处的压力值。

流体的连续性方程为：

$$v_1A_1=v_2A_2 \tag{4-6}$$

式中　A_1——Ⅰ-Ⅰ截面处的管道截面积，$A_1=A=\frac{\pi}{4}D^2$（D 为管道直径）；

A_2——Ⅱ-Ⅱ截面处的流束截面积，$A_2=a=\frac{\pi}{4}d^2$（d 为节流件的开孔直径）。

令：$\frac{d}{D}=\beta$，故式(4-6) 可改写成：

$$v_1=v_2\frac{A_2}{A_1}=v_2\beta^2 \tag{4-7}$$

将式(4-7) 代入式(4-5) 中得：

$$v_2^2-(v_2\beta^2)^2=\frac{2}{\rho}(P_1-P_2)$$

所以：

$$v_2=\frac{1}{\sqrt{1-\beta^4}}\sqrt{\frac{2}{\rho}(P_1-P_2)} \tag{4-8}$$

根据质量流量定义，可得出 q_m 与差压 ΔP 之间的流量方程式，即：

$$q_m=A_2v_2\rho=\frac{a}{\sqrt{1-\beta^4}}\sqrt{\frac{2}{\rho}\rho^2(P_1-P_2)}=\frac{1}{\sqrt{1-\beta^4}}\frac{\pi d^2}{4}\sqrt{2\rho\Delta P} \tag{4-9}$$

根据体积流量定义，可得出 q_v 与差压 ΔP 之间的流量方程式，即

$$q_v=A_2v_2=\frac{a}{\sqrt{1-\beta^4}}\sqrt{\frac{2}{\rho}(P_1-P_2)}=\frac{1}{\sqrt{1-\beta^4}}\frac{\pi d^2}{4}\sqrt{\frac{2}{\rho}\Delta P} \tag{4-10}$$

以上式(4-9)、式(4-10) 两式为流量与差压之间的理论流量方程式，它是在前一系列的假定条件下而推出的。而实际流体因有黏性，在流经节流件时必然会有压力损失，又因用 P_1、P_2 和节流件开孔直径来代替伯努力方程式中的 P_1'、P_2' 及Ⅱ-Ⅱ截面处流束直径，故实际流体的流量要比按此式计算的流量值要小。考虑以上因素，需引入相关的系数以对其进行修正。从而得到实际流体的流量方程式，即：

$$q_m=\frac{c}{\sqrt{1-\beta^4}}\varepsilon\frac{\pi d^2}{4}\sqrt{2\rho\Delta P}\ \text{或}\ q_m=\frac{c}{\sqrt{1-\beta^4}}\varepsilon\frac{\pi}{4}\beta^2D^2\sqrt{2\rho\Delta P} \tag{4-11}$$

$$q_v=\frac{c}{\sqrt{1-\beta^4}}\varepsilon\frac{\pi d^2}{4}\sqrt{\frac{2}{\rho}\Delta P}\ \text{或}\ q_v=\frac{c}{\sqrt{1-\beta^4}}\varepsilon\frac{\pi}{4}\beta^2D^2\sqrt{\frac{2}{\rho}\Delta P} \tag{4-12}$$

式中，q_m 为质量流量，kg/s；q_v 为体积流量，m^3/s；c 为流出系数；ε 为气体的可膨胀性系数；d 为工作状态的孔板节流孔直径，m；D 为工作状态的管道直径，m；β 为直径比，$\beta=d/D$；ρ 为被测流体工作状态下的密度，kg/m^3；ΔP 为差压计显示差压值，Pa。

式(4-11) 和式(4-12) 称为差压式流量计的实际流量方程式。表明在流量测量过程中，流体的流量 $q_m(q_v)$ 与差压 ΔP 之间呈开方关系，即可简单表达为：

$$q_m = K\sqrt{\Delta P} \quad 或 \quad q_v = K\sqrt{\Delta P} \tag{4-13}$$

4.2.2 结构与组成

差压式流量计由节流装置、引压管路、差压变送器及显示仪表组成。具体组成如图 4-2 所示。

节流装置的作用是将被测流量值转换成差压值；引压管路的作用是连接节流装置与差压变送器的管线，用来传导差压信号；差压变送器的作用是用来检测差压信号，进行开放运算并转换成标准电流信号输出；显示仪表的作用是用来显示流量值，目前由于计算机控制系统的引入，很多时候可以省略。

（1）节流装置

节流装置是差压式流量计的核心装置，它包括有节流元件、取压装置以及前后相连的直管段配管，当流体流经节流装置时，将在节流件的上、下游侧产生与流体流量有确定关系的压力差。如图 4-2 所示。

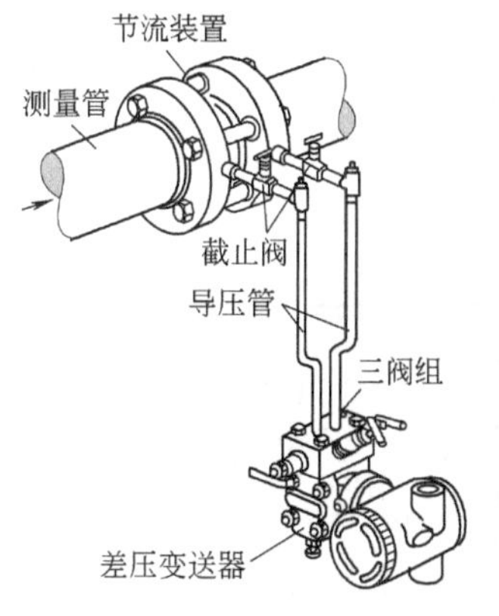

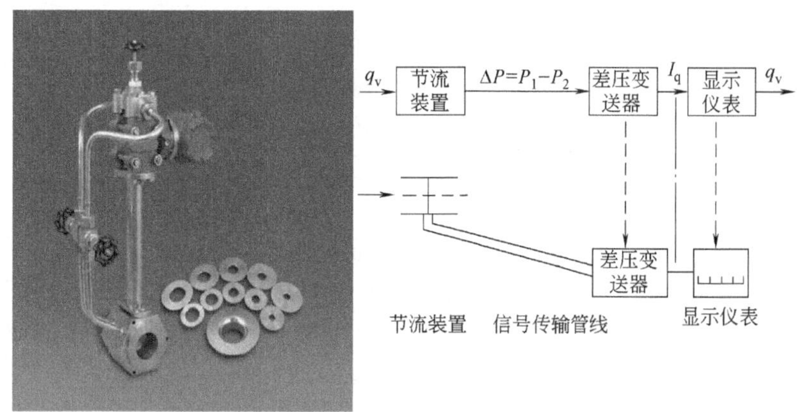

图 4-2　差压式流量计组成示意

所谓“标准节流装置”，就是在某些确定条件下，规定了节流件的标准形式以及取压方式和管道要求，无需对该节流装置进行单独标定，即可在规定的不确定（表征被测量的真值在某个测量范围内的一种估计）范围内进行流量测量的节流装置。国家标准 GB/T 2624—1993 介绍了标准节流装置的结构、特性和安装的技术要求。其中包括对标准节流件、取压装置、管道条件和安装等规定的主要内容。

国家标准 GB/T 2624—1993 规定：标准节流装置中的节流元件为孔板、喷嘴和文丘里管；取压方式为角接取压法，法兰取压法，径距取压法（D 和 $D/2$ 取压法）。运用条件为：流体必须是充满圆管和节流装置，流体通过测量段的流动必须是亚音速，稳定地仅随时间缓慢变化的，流体必须是单相流体或者可以认为是单相流体；工艺管道公称直径在 50～1200mm 之间，管道雷诺数要高于 3150。

除上述标准化的节流装置以外，还有一些非标准化的节流装置，如 1/4 圆喷嘴、双重孔板、圆缺孔板等。

① 标准节流元件　通常把 ISO 5167（GB/T 2624—1993）中所列节流装置称为标准节流装置，其他节流装置称为非标准节流装置。采用标准节流装置，按标准设计的差压式流量计，可直接投入使用，而不必进行实验标定。标准节流元件的特点如表 4-1 所示。

表 4-1 标准节流元件的特点

元件名称	孔板	喷嘴	文丘里管
结构	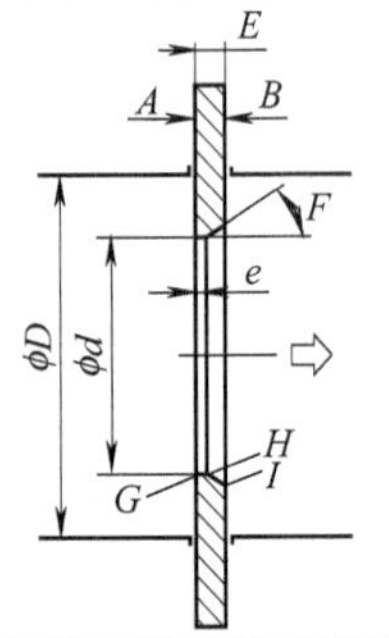	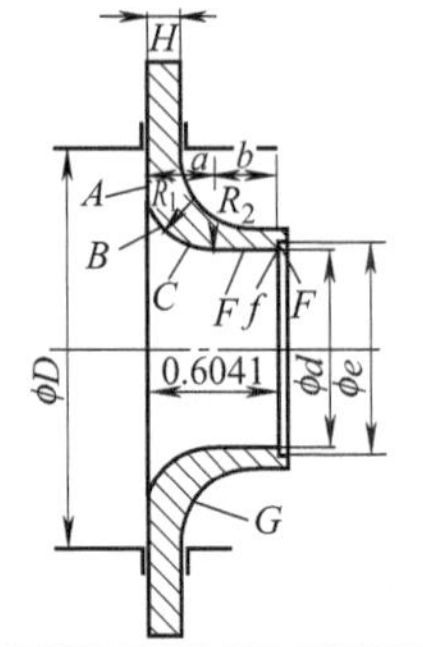	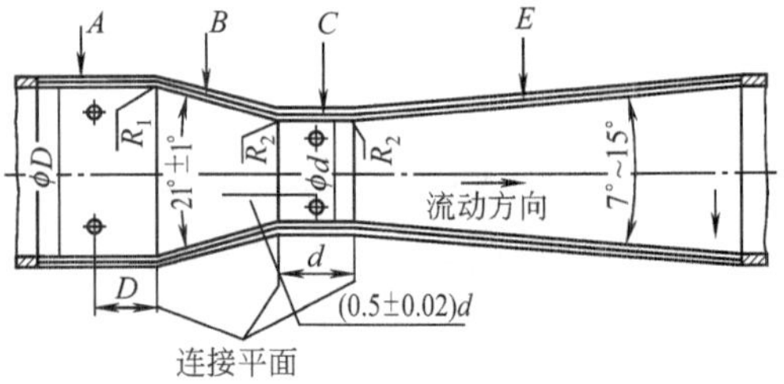
特点	结构简单、使用方便，能量(压力)损耗较大，测量精度低	加工比较困难，压力损耗较小，测量精度较高	加工困难，压力损耗显著减小，测量精度高，价高
应用	可用于大流量、无腐蚀、无固体颗粒的液、气	高压、高温、高速液气	低压、低损、高精度测量；脏污流体，大管径流量测量
实物图			

② 取压装置　由节流件检测出的流量转换成差压，其值与取压孔位置和取压方式紧密相关。标准节流装置中的取压方式（装置）有三种：角接取压、法兰取压、径距（D 和 $D/2$）取压。取压口的位置表征了节流件的取压方式。每种取压方式的特点如表 4-2 所示。

表 4-2 三种取压方式的特点

取压方式	角接取压	法兰取压	径距(D 和 $D/2$)取压
结构		x=25.4mm	
取压位置	取压点分别位于节流元件前后端面处。上半部为环室取压结构；下半部为单独钻孔取压结构	在距节流元件前后端面各 1 英寸(25.4mm)的位置上垂直钻孔取压	在距节流元件前端面 D、后端面 $D/2$ 处的管道上钻孔取压
应用	适用于孔板和喷嘴	仅适用于孔板	适用于孔板和喷嘴

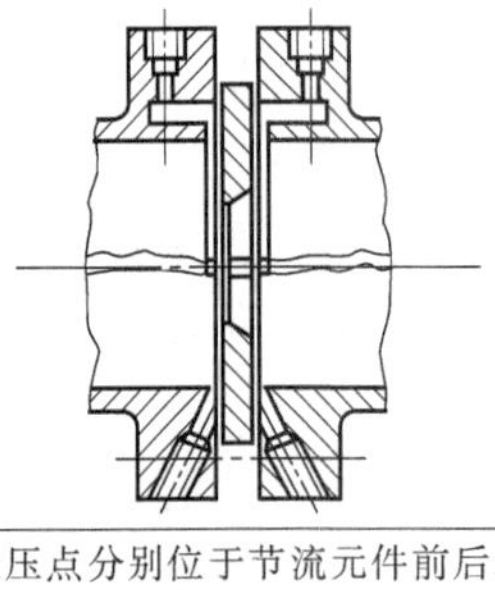

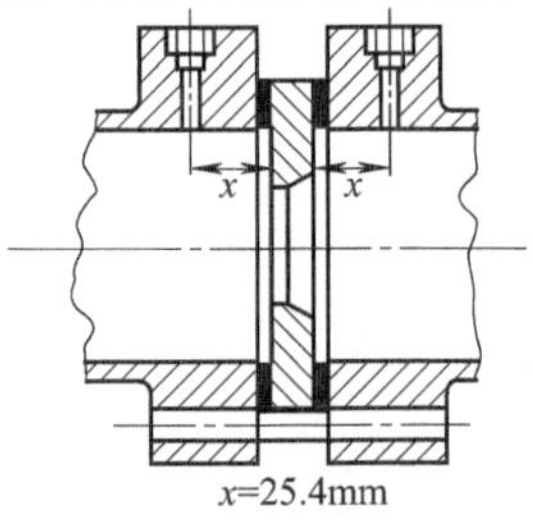

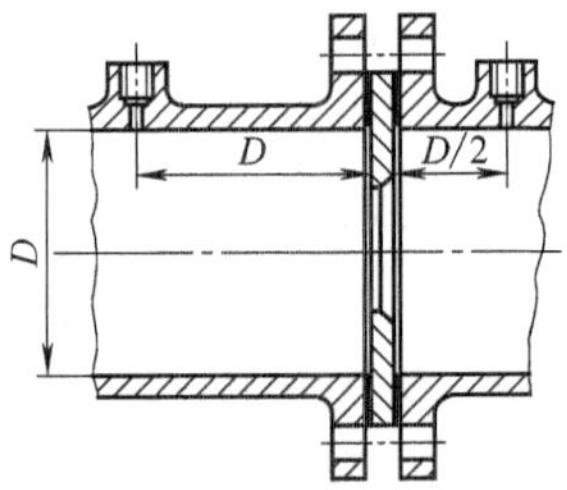

③ 测量管　节流装置应安装在两段有恒定的横截面积的圆筒形的直管道之间，该测量管作为标准节流装置的部分。直管段的长度，随阻力件的形式、节流件的几何形状和直径比 β 值的不同而异，具体设计取值时，可按照相关国家标准规定进行。

（2）导压管

导压管内径一般不小于 6mm，对于水、蒸汽和干燥空气，内径可适当小一些。湿气体、低中黏度的油类应粗一些。导压管应尽量短些，以防压力信号滞后时间较长，影响测量的动态特性。

（3）差压变送器

大部分的差压变送器都可以进行流量测量，但是由 $q_v = K\sqrt{\Delta P}$ 可知，流量与差压不是线性关系，而是与差压的平方呈线性关系，这就要求差压变送器测量出的差压信号还要进行开方运算，早期的差压变送器不带开方功能就要配上专门的开方器，但是现在的很多智能仪表已经都具有开方功能了，比如日本横河的 EJA 系列、罗斯蒙特的 3051 系列等，只需要利用手操器在输出模式中选择开方功能即可。

（4）其他辅件

① 冷凝器　被测流体是蒸汽或湿气体时，在引压管内要积存凝结水。为了使前后导压管内液位高度保持不变或相等，常采用冷凝器。

② 集气器和沉降器　当被测介质为液体时，为防止液体中析出的气体进入差压计，引起测量误差，常在导压管的最高处放置集气器。集气器上有排气阀，可定期排出积存的气体。另外为了防止液体中析出的沉淀物堵塞导压管，又在导压管的最低点放置沉降器及排污阀，以便定期排除污物。

③ 隔离器　对于高黏度、腐蚀性强、易冻结或易析出固体颗粒的液体，应采用隔离器，将被测流体与差压计隔开。

辅助部件越多，需要维护的内容就越多，在使用时需要根据现场的实际情况谨慎选择。

4.2.3 安装及投运

如图 4-3 所示为将差压式流量计安装在被测量的管道上。

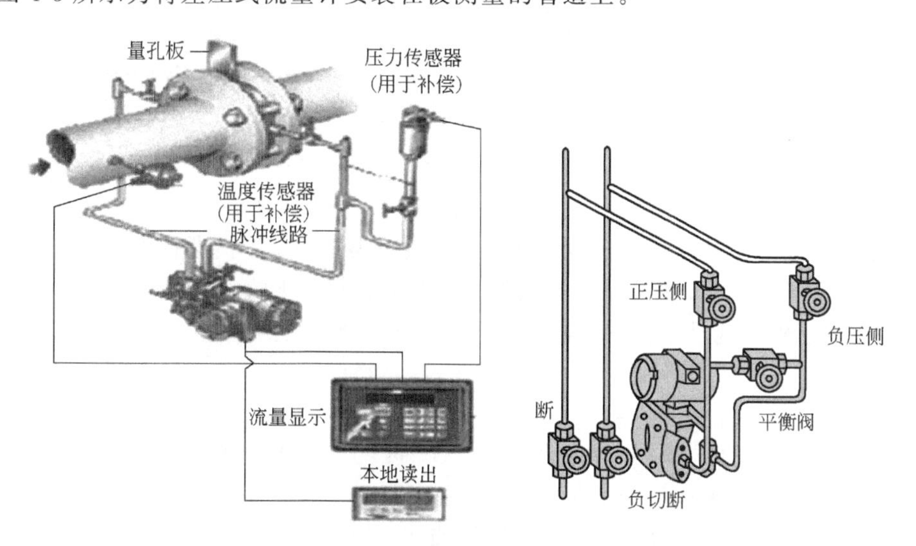

图 4-3 差压式流量计安装示意

① 差压式流量计在现场安装完毕并检查和校验合格后，便可投入运行。

② 开始使用前，首先必须使导压管内充满相应的介质，如被测液体（正常液体测量）、冷凝液（蒸汽测量）、隔离液（腐蚀介质测量）；并将积存在导压管中的空气通过排气阀和仪表的放气孔排出干净。然后，再按照下面介绍的具体步骤正确地操作三阀组，将差压式流量计投入运行。

③ 使用三阀组的具体步骤是：开平衡阀→正负压室连通→逐渐打开正压侧的切断阀→

关闭平衡阀→逐渐打开负压侧的切断阀。差压式流量计即投入运行。

当差压式流量计需要停用时，与上述步骤正好相反，应先打开平衡阀，然后再关闭两个切断阀。

4.3 转子流量计

转子流量计又称浮子流量计，是一种发展历史悠久、应用广泛的流量检测仪表。20 世纪初此类仪表在德国取名为罗托计（Rotameter），即盛行于欧洲。在美国、日本常称为变面积式流量计（Variable Area Flowmeter）或面积流量计。我国转子流量计产量估计在 15 万～17 万台之间，其中 95％左右为玻璃锥形管转子流量计。

4.3.1 测量原理

转子流量计是根据阿基米德浮力和力平衡原理而设计的。转子流量计的原理如图 4-4 所示。它是由一段向上扩大的圆锥形管子和密度大于被测流体密度且能随被测介质流量大小而做上下浮动的转子（又称浮子）组成。流体由下方进入，通过转子与锥形管之间的圆环形空隙，从上方流出。这里的转子就是一个节流元件，环形空隙的面积就相当于流体流通面积 A_0。

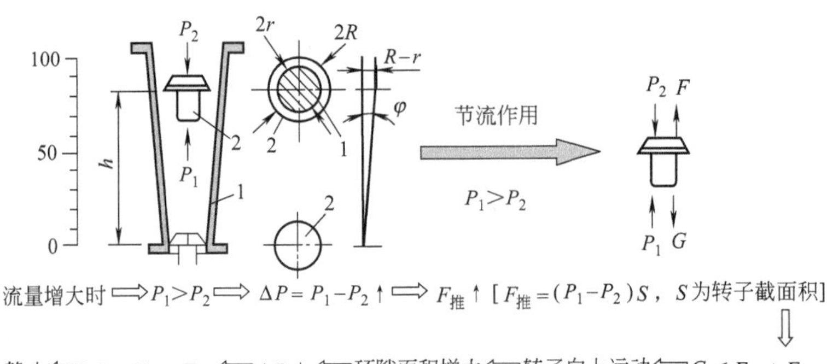

图 4-4　转子流量计工作原理

转子流量计是以流通截面的变化而反映被测流量大小的。把流通截面与被测流量之间的关系式称为转子流量计的流量方程，此方程的推出，是以转子的力平衡条件为基础而进行的。如图 4-4 中，转子稳定地悬浮在某一高度 h 时，转子有如下受力平衡关系：重力＝推力＋浮力，即

$$\rho_f V_f g=(P_1-P_2)A_f+V_f\rho g \tag{4-14}$$

式中，V_f 为转子的体积；ρ_f 为转子的密度；A_f 为转子的最大截面；ρ 为被测介质的密度；P_1-P_2 为流体绕转子流过时的前后压力差。

根据流体力学，用流体对转子的总阻力来描述即有：

$$P_1-P_2=C\frac{u^2}{2}\rho \tag{4-15}$$

因此可得：

$$\rho_f V_f g=A_f C\frac{u^2}{2}\rho+V_f\rho g \tag{4-16}$$

式中，C 为转子对流体的阻力系数；u 为流体在流过环形面积时的流速。

可求得

$$u=\sqrt{\frac{2V_{\mathrm{f}}(\rho_{\mathrm{f}}-\rho)g}{CA_{\mathrm{f}}\rho}} \tag{4-17}$$

由流量公式 $q_{\mathrm{v}}=A_0u$ 可知，当 u 一定时，q_{v} 随环形流通面积 A_0 变化，而 A_0 与转子的高度 h 有关。当锥形管半锥角（锥管母线与轴线夹角）为 φ 时

$$A_0=\pi(R^2-r^2)=\pi h^2\tan^2\varphi+2\pi rh\tan\varphi \tag{4-18}$$

式中，R 为转子所在位置锥管的内侧半径；r 为转子的最大外半径；φ 为锥形管半锥角。

当锥管的半锥角很小时，$\pi h^2\tan^2\varphi$ 可以忽略不计，体积流量可近似表示为

$$q_{\mathrm{v}}=\alpha\pi D_{\mathrm{f}}h\tan\varphi\sqrt{\frac{2V_{\mathrm{f}}(\rho_{\mathrm{f}}-\rho)g}{A_{\mathrm{f}}\rho}} \tag{4-19}$$

式中，D_{f} 为转子的最大外半径；α 为流量系数，$\alpha=1/\sqrt{C}$，一般由实验确定，对于一定形状的转子，只要雷诺数大于某一界限雷诺数时，流量系数就趋于一个常数。实际应用中，转子流量计选定后，α 在允许流量范围内基本不变。

对于选定的流量计和一定的被测流体，流量大小就与转子在锥形管中的平衡位置高度呈线性正比关系。如果在锥形管外表面沿其高度刻上对应的流量值，那么根据转子所处平衡位置就可以直接读出流量值大小。

4.3.2　结构与种类

按锥管材料可分为玻璃管转子流量计和金属转子流量计两种。具体特点见表 4-3。

表 4-3　转子流量计的结构与分类

名称	玻璃管转子流量计		金属转子流量计	
结构及外形	玻璃管 读数位置 浮子 流体		浮子 介质流向 流量刻度 模拟型	
特点	玻璃管转子流量计结构简单，价格便宜，但玻璃强度低、耐压低，玻璃管易碎		具有耐高压、高温、读数清晰等特点	
应用	小口径（DN4～15mm），适用于工作压力较低的场合，多用于常温、常压、透明流体的就地指示，不宜制成电远传式，电远传式一般采用金属锥形管		公称直径一般为 DN15～150mm，适用于不透明介质和腐蚀性介质的流量测量	

玻璃管转子流量计分有 LF 型和 LZB 型，它们一般由支撑连接部分、锥形管、转子（浮子）等部分组成。

（1）支撑连接部分

支撑连接部分根据流量计的口径和型号不同有三种形式。

① 法兰连接：它是由带法兰的基座、内衬密封垫、支撑压盖等组成。

② 螺纹连接：它是由螺纹的基座、支撑、接头、护板等组成。

③ 软管连接：它是由管接头、外压螺母、护板或保护管等组成。

上述每一种连接形式都可采用法兰连接、螺纹连接、软管连接方式进行管道的连接。基座的材料一般有不锈钢、铸铁、碳钢、胶木、塑料等，可根据使用情况加以选用。

（2）锥形管

锥形管一般用高硼硬质玻璃制成，也有采用有机玻璃的。锥形管的锥度根据流量大小而定，一般为 1∶20～1∶200 范围内。锥形管外刻有百分数或流量刻度线。锥形管的使用压力为 2000kPa 以下，温度为－20～120℃。

锥形管的长度、锥度和口径相同时，相互可以更换，更换后，由于制造时的误差，可能使流量计的示值有所变化，但若工艺要求不高时，关系不大；若工艺要求高时，则应重新进行标定。

（3）转子（浮子）

常见的转子形状有三种，见表 4-4。

表 4-4　不同形状转子流出系数比较

	转子形状	特征
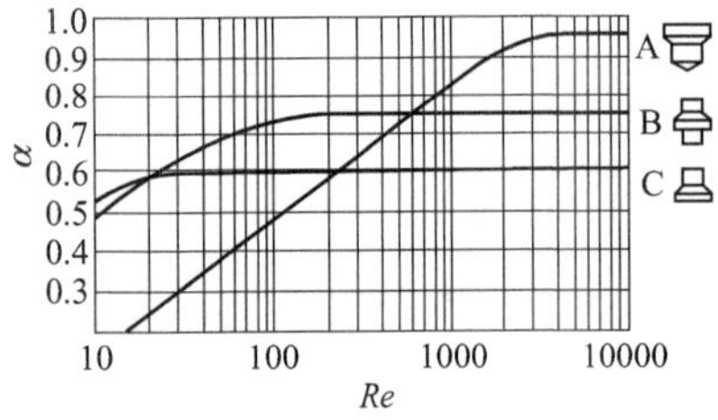 α: 1.0, 0.9, 0.8, 0.7, 0.6, 0.5, 0.4, 0.3; Re: 10, 100, 1000, 10000; A, B, C	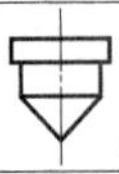 A	流出系数大，但易受黏度影响发生变化
	 B	比 A 的流出系数小，但不易受黏度影响
	 C	直至很低的雷诺数范围内流出系数都很稳定，但流出系数比 B 还小

表 4-4 中 A 型大都使用在气体、小流量且流量系数比较小的地方。为使转子稳定在锥形管的中心，可在转子上部边沿开些斜槽。

B 型大都应用在液体、大流量且流量系数比较大的地方。对于大流量的流量计，为了使转子能稳定在锥管的中心，一般都设有中心导杆。

C 型应用较少，其特点是流体黏度变化对流量指示影响较小。

转子一般用铝、铅、钢、硬胶木、玻璃等制成，在使用时可根据流体的化学性质加以选用。

4.3.3 示值修正

转子流量计指示流量与被测流体的密度及流量系数有关。流量计生产厂家为了方便成批生产，其所提供的液体转子流量计的流量刻度值是在标准状态（20℃，101.325kPa）下用水进行标定的，而气体转子流量计的流量刻度是在标准状态下用空气标定的。因此，如果被测介质不是水或空气，或工作状态不是在标准状态下，则必须对转子流量计的流量指示值进行修正。

（1）液体流量的修正

由前面推导的流量方程式(4-19) 可知，在标准状态下，用水进行刻度标定的转子流量计的流量方程式为：

$$q_{v水}=\alpha_{水}\ \pi D_f h\tan\phi\sqrt{\frac{2V_f(\rho_f-\rho_{水})g}{\rho_{水}A_f}} \tag{4-20}$$

实际生产中，转子流量计测量液体介质（非水）的流量方程式为：

$$q_{v液}=\alpha_{液}\ \pi D_f h\tan\phi\sqrt{\frac{2V_f(\rho_f-\rho_{液})g}{\rho_{液}A_f}} \tag{4-21}$$

由于各种液体本身的温度和黏度不同，而引起介质密度 ρ 和流量系数 α 的差别，将上两式相比得：

$$\frac{q_{v液}}{q_{v水}}=\frac{\alpha_{液}}{\alpha_{水}}\sqrt{\frac{(\rho_f-\rho_{液})\rho_{水}}{(\rho_f-\rho_{水})\rho_{液}}} \tag{4-22}$$

式中，$q_{v液}$，$\alpha_{液}$，$\rho_{液}$ 分别为实际被测流体的体积流量、流量系数和密度；$q_{v水}$，$\alpha_{水}$，$\rho_{水}$ 分别为出厂标定时水的体积流量、流量系数和密度。

如果被测介质的黏度与水的黏度相差不大时，可认为 $\alpha_{液}=\alpha_{水}$，即认为两种介质的流动特性是相似的，这时只需进行密度的修正。

则式(4-22) 可简化为：

$$\frac{q_{v液}}{q_{v水}}=\sqrt{\frac{(\rho_f-\rho_{液})\rho_{水}}{(\rho_f-\rho_{水})\rho_{液}}}=K_\rho \tag{4-23}$$

式中，K_ρ 为标定介质水与实际液体的体积流量的密度修正系数。

由此可得出被测流体的实际流量值的修正公式为：

$$q_{v液}=K_\rho q_{v水} \tag{4-24}$$

【例 4-1】 现用一以水标定的转子流量计，转子材料为不锈钢，其密度 $\rho_f=7920\text{kg/m}^3$，用来测量苯的流量，当流量计指示为 $3.6\times10^{-3}\text{m}^3/\text{s}$ 时，苯的实际流量是多少？（注：苯的密度 $\rho_{苯}=830\text{kg/m}^3$）

解：因为 $q_{v液}=K_\rho q_{v水}$

所以 $K_\rho=\sqrt{\frac{(\rho_f-\rho_{液})\ \rho_{水}}{(\rho_f-\rho_{水})\ \rho_{液}}}=\sqrt{\frac{7920-830}{7920-1000}\times\frac{1000}{830}}=1.11$

故　$q_{v液}=1.11\times3.6\times10^{-3}\approx4\times10^{-3}$ （m^3/s）

因此苯的实际流量为 $4\times10^{-3}\text{m}^3/\text{s}$。

(2) 气体介质的修正

气体介质流量的修正公式的推导过程与液体介质修正公式的推导过相似，只是把有关水的参数换成空气对应的参数，把有关液体的参数换成气体对应的参数，因此可得：

$$\frac{q_{v气}}{q_{v空}}=\sqrt{\frac{(\rho_f-\rho_{气})\rho_{空}}{(\rho_f-\rho_{空})\rho_{气}}} \tag{4-25}$$

对于气体来讲，由于 $\rho_f\gg\rho_{气}$，所以 $\rho_f-\rho_{气}\approx\rho_f$。又由于 $\rho_f\gg\rho_{空}$，所以 $\rho_f-\rho_{空}\approx\rho_f$。故上式可以简化为：

$$\frac{q_{v气}}{q_{v空}}=\sqrt{\frac{\rho_{空}}{\rho_{气}}}=K'_\rho \tag{4-26}$$

式中，K'_ρ 为气体体积流量密度修正系数。

式(4-27) 为气体介质密度的修正公式。

气体介质温度、压力、密度同时发生变化的修正公式为：

$$\frac{q_{v气}}{q_{v空}}=\sqrt{\frac{\rho_{空}P_{气}T_{空}}{\rho_{气}P_{空}T_{气}}} \tag{4-27}$$

式中 $q_{v空}$——出厂标定时空气的体积流量，即仪表的指示值；

$q_{v气}$——实际被测气体的体积流量，即换算为标准状态（$T=293\text{K}$，$P=0.1\text{MPa}$）的流量值；

$\rho_{空}$——标准状态下刻度介质空气的密度，$\rho_{空}=1.205\text{kg/m}^3$；

$\rho_{气}$——被测气体在标准状态下的密度，kg/m^3；

$P_{气}$，$T_{气}$——被测气体在工作状态下的绝对压力和绝对温度；

$P_{空}$，$T_{空}$——刻度条件下的绝对压力（$P=0.1\text{MPa}$）和绝对温度（$T=293\text{K}$）。

【例 4-2】 有一台 LZB 型气体转子流量计，用来测量氢气的流量。已知工作温度为 27℃，工作压力为 0.3MPa（表压），当流量计的指示值为 $40\text{m}^3/\text{h}$ 时，氢气的实际流量是多少？（注：氢气在 0℃、101.32kPa 时的密度为 0.08988kg/m^3）

解：根据公式 $q_{v气}=q_{v空}\sqrt{\frac{\rho_{空}P_{气}T_{空}}{\rho_{气}P_{空}T_{气}}}$

其中，$q_{v空}=40\text{m}^3/\text{h}$；$\rho_{空}=1.205\text{kg/m}^3$，$T_{空}=293\text{K}$，$P_{空}=0.1\text{MPa}$，

$\rho_{气}=0.08988\text{kg/m}^3$，$T_{气}=273\text{K}+27\text{K}=300\text{K}$，$P_{气}=0.3\text{MPa}+0.1\text{MPa}=0.4\text{MPa}$。

将以上已知数据代入式中得

$$q_{v气}=40\sqrt{\frac{0.4\times1.205\times293}{0.1\times0.08988\times300}}\approx300(\text{m}^3/\text{h})$$

所以氢气的实际流量为 $300\text{m}^3/\text{h}$。

(3) 转子流量计的改量程

在实际生产中，有时需要更改转子流量计的量程，根据转子流量计的方程式可知，改变仪表量程有两个途径：其一，改变锥形管锥度的办法来实现，即改变式中的 $\tan\phi$，此法一般不采用；其二，改变转子密度的办法来实现，即改变式中的 ρ_f，此法常被采用，因为转子有空心和实心两种形式，要减轻实心转子的密度，可以将它加工成空心的形式，若要增加空心转子的密度，那就困难了，此时可以另选密度大的材料按原转子的几何形状另行加工。

对于形状和体积相同、材质不同的转子，当其密度增加后，转子流量计的量程将扩大，反之，则缩小。转子密度改变后，需重新对仪表进行标定，根据流量方程式可推出量程改制后的修正公式，即：

改量程前
$$q_v=\alpha\pi D_f h\tan\phi\sqrt{\frac{2V_f(\rho_f-\rho)g}{\rho A_f}} \tag{4-28}$$

改量程后
$$q_v'=\alpha\pi D_f h\tan\phi\sqrt{\frac{2V_f(\rho_f'-\rho)g}{\rho A_f}} \tag{4-29}$$

两式相比得：

$$\frac{q_v'}{q_v}=\sqrt{\frac{\rho_f'-\rho}{\rho_f-\rho}}=K \tag{4-30}$$

式中，ρ_f，ρ_f'分别为改量程前和改量程后转子的密度；ρ 为被测介质的密度；K 为修正系数。

由式(4-30) 可知，采用不同材质的转子改量程后的流量计指示值可由原来刻度标尺上的指示值乘以修正系数 K 值而得到。同时也可知：当 $\rho_f'>\rho_f$ 时，K 值增大，即量程扩大。当 $\rho_f'<\rho_f$ 时，K 值减小，即量程缩小，但仪表的灵敏度将增大。

以上为测量液体流量的仪表量程的改制，对于气体流量的测量，因为 $\rho\ll\rho_f$，$\rho\ll\rho_f'$，所以式(4-30) 可改写为：

$$\frac{q_v'}{q_v}=\sqrt{\frac{\rho_f'}{\rho_f}}=K' \tag{4-31}$$

【例 4-3】 有一转子流量计，转子的密度减少为原密度的 1/4，用来测量气体流量，问其量程改变为原量程的多少倍？

解 根据修正公式得：$\frac{q_v'}{q_v}=\sqrt{\frac{\frac{1}{4}\rho_f}{\rho_f}}=\sqrt{\frac{1}{4}}=\frac{1}{2}$

因此，现量程改为原量程的 1/2。

4.3.4 转子流量计的特点

① 适用于小流量的检测，工业用转子流量计的测量范围从每小时十几升到几百立方米(液体)、几千立方米（气体)。

② 测量基本误差约为刻度最大值的±2%左右，有效测量范围即量程（最大流量与最小流量之比）为 10∶1。

③ 压力损失较小，转子位移随被测介质流量的变化反应比较灵敏。

④ 转子流量计与测量工艺管道应垂直安装，不允许有倾斜，流体的流向应由下而上，不得接反。

⑤ 转子流量计中的检测元件转子对沾污比较敏感，若粘有污垢或介质结晶析出，都会使转子的重力 W、浮力 F、环形流通截面 A_0 发生变化，而影响到转子沿锥形管轴线做上下垂直运动，从而引起转子与管壁产生摩擦，而造成测量误差，因此转子流量计不宜用来测量脏污的介质。

4.3.5 金属管转子流量计

金属管转子流量计在高温、高压状态下用于易腐蚀、易燃烧及对人体和环境有害液体流量的检测。该流量计的测量管道采用耐腐蚀的不锈钢材料制作，测量管道和法兰形成整体的组合体。整体金属管转子流量计能测量高温 4000℃和高压 70MPa 的液体和气体流量。由于该流量计不能用人的眼睛来观察转子在锥形管中的位置，所以在仪表的结构上采用磁应显示系统。如图 4-5 所示为转子与显示器之间的磁感应原理，在转子中镶嵌一块磁铁，它的高度位置变化通过磁感应带动显示系统的指针运动，从而实现流量的检测与显示。

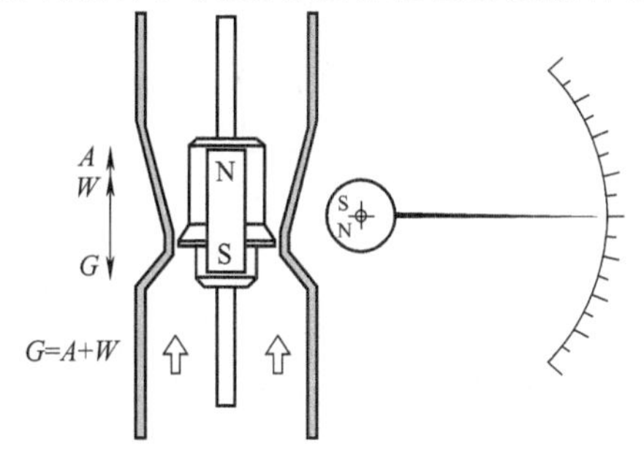

图 4-5 转子与显示器之间的磁感应原理

为了使转子流量计能够适应多状态流体的流量检测，金属管转子流量计在结构类型上都有较先进的形式。

金属管转子流量计的价格适中，而且工作过程相当可靠，特别适用于受介质性能或很微小流量限制的特殊场合。因为在诸多的情况下，测量现场没有辅助能源，所以该流量计设计的显示器无需外部能源驱动，从而降低了安装和运行的费用。

4.4 速度式流量计

利用公式 $q_v = \bar{v}A$ 来进行测量的流量计都可以称为速度式流量计，前面介绍的差压式流量计和转子式流量计都是速度式流量计，除此之外还有很多利用这种原理来进行测量的流量计，如电磁流量计、旋涡流量计、涡轮流量计、靶式流量计等。

电磁流量计工作原理

4.4.1 电磁流量计

电磁流量计（Electromagnetic Flow meters，简称 EMF）是 20 世纪 50～60 年代随着电子技术的发展而迅速发展起来的新型流量测量仪表。电磁流量计是应用电磁感应原理，根据导电流体通过外加磁场时感生的电动势来测量导电流体流量的一种仪器。

（1）测量原理

由电磁感应定律可知，导体在磁场中切割磁力线时，便会产生感应电势。同理，当导电的液体在磁场中作垂直于磁力线方向的流动而切割磁力线时，也会产生感应电势。

如果在磁感应强度为 B 的均匀磁场中，垂直于磁场方向放一个内径为 D 的不导磁管道，当导电液体在管道中以平均流速 v 流动时，导电流体就切割磁力线。如果在管道截面上且垂直于磁场的位置安装一对电极，如图 4-6 所示，B、D、v 三者互相垂直，可以证明，只要管道内流速为轴对称分布，则在两电极之间产生的感应电动势为

$$E = BDv \tag{4-32}$$

式中，E 为两电极间的感应电动势，V；B 为磁感应强度，T；D 为管道内径，m；v 为导电液体的平均流速，m/s。

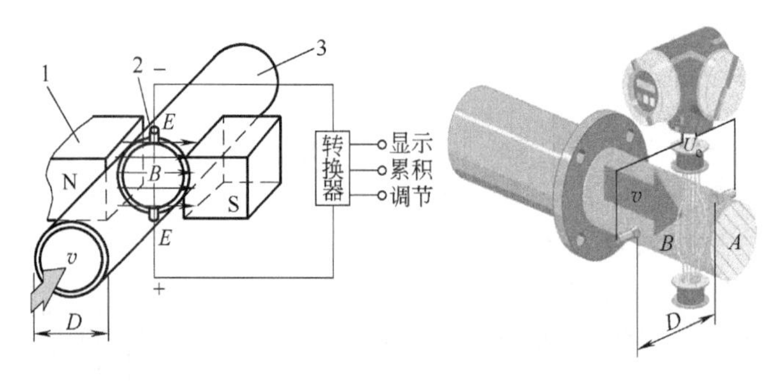

图 4-6 电磁流量计的原理示意

1—磁极；2—检测电极；3—测量管

由此可知导电液体的瞬时体积流量为：

$$q_v = \frac{\pi D}{4B}E\,(\mathrm{m/s}) \tag{4-33}$$

由式(4-33) 可知，在测量管结构一定、稳恒磁场条件下，体积流量 q_v 与感应电动势 E

成正比，而与流体的物性和工作状态无关。因而，电磁流量计具有均匀的指示刻度。

（2）电磁流量计的结构

电磁流量计由测量管、励磁系统、电极及仪表外壳等部分组成，如图 4-7 所示，测量管上下装有励磁线圈，通以励磁电流后产生磁场穿过测量管。一对电极装在测量管内壁与液体相接触，引出感应电势。

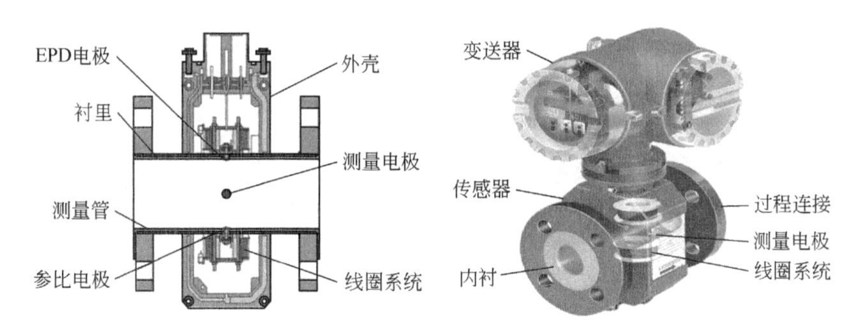

图 4-7　电磁流量计的结构

① 测量管　采用非导磁、高电阻率、低热导率、具有一定机械强度的材料制成，如不锈钢、工程塑料等。为防止感应电动势被金属管壁短路、测量管被介质腐蚀，测量管内壁有绝缘衬里。常用材料为聚四氟乙烯、聚全氟乙丙烯、氯丁橡胶、聚氨酯橡胶等。

② 励磁系统　励磁系统主要由励磁线圈、铁芯、磁轭等部件组成，用于提供电磁流量计的工作磁场。励磁电流由转换器提供。为了避免直流磁场产生的直流感应电势使电极周围导电液体电解，导致电极表面极化而减小感应电势，一般采用交流励磁。

③ 电极　电极安装在与磁场垂直的测量管两侧管壁上，作用是把电动势引出。

（3）电磁流量计的类型

电磁流量计的种类有很多，如按磁磁电流方式分有直流磁磁、交流磁磁、低频矩形波磁磁、双频磁磁；按输出信号连接和磁磁连线制式分有四线制、二线制；按用途分有通用型、防爆型、卫生型、耐浸水型、潜水型等。

一般都是按传感器与变送器的组装方式进行分类，可分为两大类，即一体式和分离式，如图 4-8 所示。

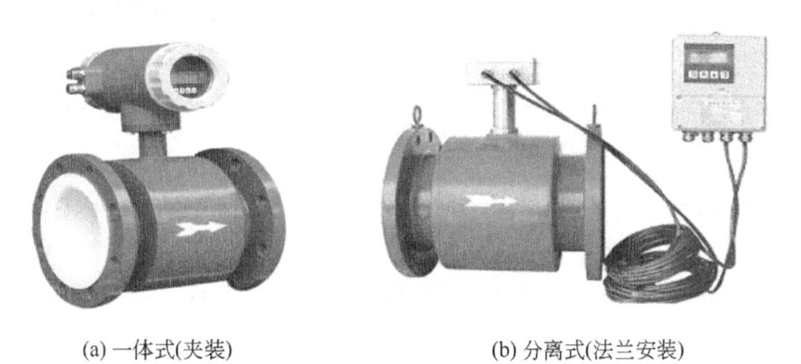

(a) 一体式(夹装)　　(b) 分离式(法兰安装)

图 4-8　电磁流量计的种类

① 一体式　传感器和转换器组装在一起直接输出直流电流（或频率）标准信号，实际上成为电磁流量变送器。一体式电磁流量计缩短了传感器和转换器二者之间信号线和励磁线的连接长度，并使之没有外接，而是隐蔽在仪表内部，从而减少了信号的衰减和空间电磁波

噪声的侵入。同样测量电路与分离式相比可测较低电导率的液体。取消了信号线和励磁线的布线，简化了电气连线，仪表价格和安装费用均相对降低。一体式较多用于小管径仪表。随着二线制仪表的发展，一体式电磁流量计将会有较快的发展。但如果由于管道布置限制，安装在不易接近的场所，则给维护带来不便，此外，由于转换器电子部件装于管道上，将受到流体温度和管部振动的较大限制。

一体式电磁流量计的结构有三种形式：即夹持型、法兰型和卫生型。

② 分离式　分离式是最普遍的应用形式，传感器接入管道，转换器安装于仪表室或人们易于接近的传感器附近，两者之间相距数十到数百米，为防止外界噪声的侵入，信号电缆通常采用双层屏蔽。当测量电导率较低的液体且安装距离超过 30m 时，为防止电缆分布电容造成信号衰减，其内层屏蔽要求接上与芯线同电位低阻抗源的屏蔽驱动。分离式的转换器可远离现场的恶劣环境，电子部件检查、调整和参数设定都比较方便。

（4）电磁流量计的特点

① 优点

a. 传感器结构简单，无相对运动部分，也无节流部件。因此特别适用于测量液固两相介质，如悬浮液等。

b. 压力损失小，减少能耗。

c. 电磁流量计是一种体积流量测量仪表，它不仅可测单相的导电性液体的流量，也可以测量液固两相介质的流量，而且不受介质的温度、黏度、密度、压力以及电导率（在一定范围内）等物理参数变化的影响，因此，电磁流量计只需经水标定后，就可测量其他导电性液体或固液两相介质的流量，而无需进行修正。

d. 测量范围宽，可达 1∶100，而且可任意改变量程。此外，电磁流量计测量体积流量时只与被测介质的平均流速有关，而与轴对称分布下的流态（层流或紊流）无关。

e. 无机械惯性，反应灵敏，可测量瞬时脉动流，且线性好，可直接等分刻度，因此可将测量信号直接用转换器线性地转换成标准信号输出，既可就地指示，也可远距离传送。

f. 耐腐蚀性好。

g. 使用方便，寿命长。

② 缺点

a. 不能测量气体、蒸汽及含有气泡的液体及电导率很低的液体，如石油制品等。

b. 由于衬里材料和电气绝缘材料的温度限制，目前一般工业用电磁流量计还不能用于高温介质的测量。

c. 受流速和流速分布的影响，要求流速对轴心对称分布，否则不能正确测量。所以前后要有足够长的直管段，以消除流速分布的不对称度。

4.4.2 涡街流量计

流体在流动中常常会产生漩涡。如电线在风中振荡产生声音，是因为风吹过电线时，使电线振荡，电线产生漩涡而发出声音。又如汽车、轮船在行驶时，在尾部会有灰尘或浪花扬起，也是这个原因。流体因边界层分离作用而交替产生的漩涡属于自然振荡分离型漩涡，当满足一定条件时出现的有规律的涡列称卡门漩涡。

涡街流量计工作原理

涡街流量计是根据卡门（Karman）漩涡原理研究生产的测量气体、蒸汽或液体的体积流量、标况的体积流量或质量流量的体积流量计。主要用于工业管道介质流体的流量测量，如气体、液体、蒸汽等多种介质。

(1) 测量原理

在流动的流体中，若垂直流动方向放置一个圆柱体，如图 4-9 所示。在某一雷诺数范围内，将在柱体的后面两侧交替产生有规律的漩涡，称为卡门涡街。漩涡的旋转方向向内，上面一列顺时针旋转，下面一列逆时针旋转。由于漩涡之间的相互作用一般不稳定，但实验证明，当满足 $h/L=0.281$ 时，涡列是稳定的，卡门在理论上证明了这一结论。

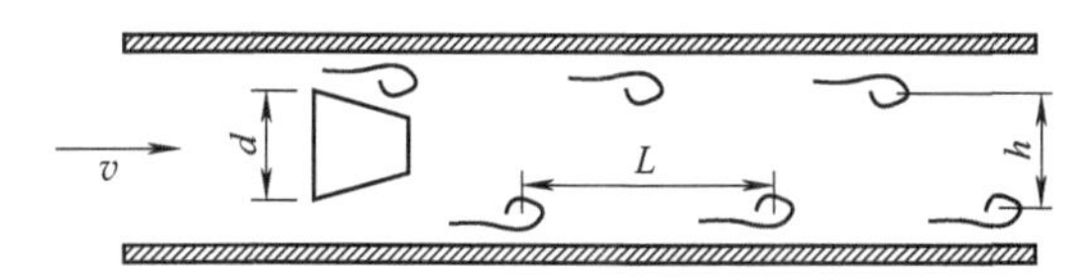

图 4-9 涡街流量计的测量原理

单列漩涡的频率与流体的流速有如下公式

$$f=S_r\frac{v}{d} \tag{4-34}$$

则：

$$v=\frac{fd}{S_r} \tag{4-35}$$

式中，v 为漩涡发生体两侧的平均流速，m/s；d 为漩涡发生体迎流面的最大宽度，m；S_r 为斯特劳哈尔数，无量纲，流体产生漩涡的相似准则数。

流量方程：

$$q_v=Av=\frac{\pi D^2}{4}\times\frac{fd}{S_r}\left(1-1.25\frac{d}{D}\right) \tag{4-36}$$

式中，D 为管道的直径，m。

在一定雷诺区域内，q_v 与 f 呈一一对应的线性关系，所以只要测出 f，就可测知 q_v。

(2) 涡街流量计的结构

涡街流量计由涡街发生体、检测元件、信号处理放大电路组成。

① 涡街发生体 作为涡街发声体要求能控制漩涡在漩涡发生体轴线方向上同步分离；在较宽的雷诺数范围内，有稳定的漩涡分离点，保持恒定的斯特劳哈尔数；能产生强烈的涡街，信号的信噪比高；形状和结构简单，便于加工和几何参数标准化，以及各种检测元件的安装和组合；材质应满足流体性质的要求，耐腐蚀，耐磨蚀，耐温度变化；固有频率在涡街信号的频带外。常见的涡街发生体见图 4-10。

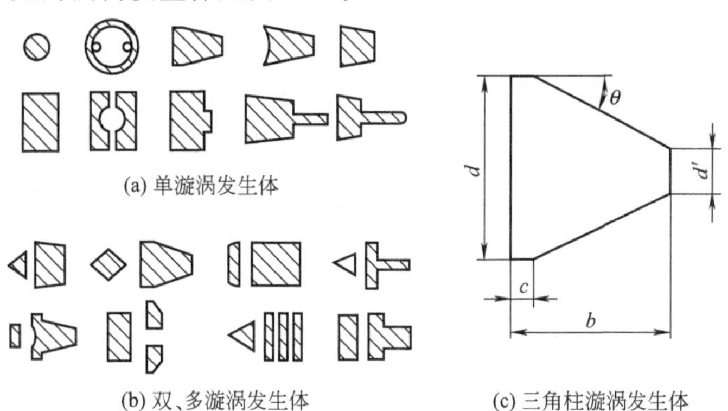

图 4-10 常见的涡街发生体

② 检测元件　检测元件的作用是测量漩涡发生的频率，可以采用以下几种方式进行。

a. 用设置在漩涡发生体内的检测元件直接检测发生体两侧差压。

b. 漩涡发生体上开设导压孔，在导压孔中安装检测元件检测发生体两侧差压。

c. 检测漩涡发生体周围交变环流。

d. 检测漩涡发生体背面交变差压。

e. 检测尾流中旋涡列。

根据这 5 种检测方式，采用不同的检测技术（热敏、超声、应力、应变、电容、电磁、光电、光纤等）可以构成不同类型的涡街流量计。

③ 信号处理放大电路　检测元件把涡街信号转换成电信号，该信号既微弱又含有不同成分的噪声，必须进行放大、滤波、整形等处理才能得出与流量成比例的脉冲信号。其结构如图 4-11 所示。

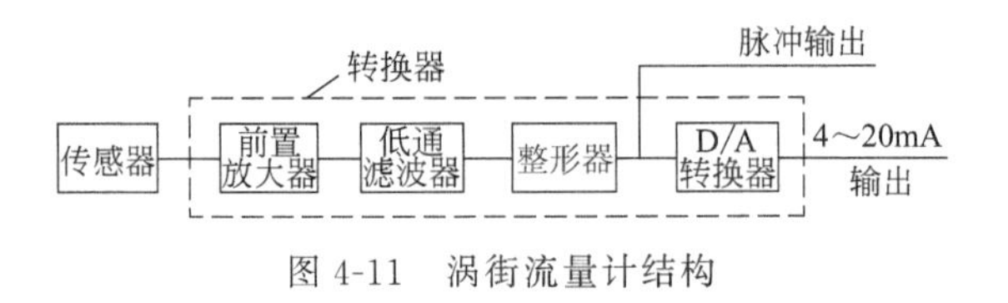

图 4-11　涡街流量计结构

（3）涡街流量计的特点

涡街流量计可用来测量各种管道中的液体、气体和蒸气的流量，还适合测量低温介质和各种腐蚀性及放射性介质的流量。

涡街流量计具有如下特点：无可动部件、构造简单、机械磨损小、维护方便、精确度高、测量范围宽、压力损失小、节能效果明显、使用寿命长，在一定的雷诺数范围内，涡街产生的频率只与流速有关，几乎不受被测流体温度、压力、密度、成分以及黏度等变化的影响。输出频率信号，易于实现数字化测量以及与计算机结合。而且体积小、重量轻、易于安装，发展前景十分广阔。

4.4.3　涡轮流量计

涡轮流量计具有灵敏度高、重复性好、量程比宽、准确度高的特点，从而在天然气流量计量中被广泛采用。在欧洲，目前天然气流量测量中使用气体涡轮流量计的比例已达到流量仪表的 40%～60%。

（1）测量原理

流体流经传感器壳体，由于叶轮的叶片与流向有一定的角度，流体的冲力使叶片具有转动力矩，克服摩擦力矩和流体阻力之后叶片旋转在力矩平衡后转速稳定，在一定的条件下，转速与流速成正比，由于叶片有导磁性，它处于信号检测器（由永久磁钢和线圈组成）的磁场中，旋转的叶片切割磁力线，周期性地改变着线圈的磁通量，从而使线圈两端感应出电脉冲信号，此信号经过放大器的放大整形，形成有一定幅度的连续的矩形脉冲波，可远传至显示仪表，显示出流体的瞬时流量或总量。其流量方程如下：

$$q_{\mathrm{v}}=\frac{f}{K} \tag{4-37}$$

式中，K 为涡轮流量计的仪表系数，L^{-1} 或 m^{-3}。单位体积流量的脉冲数，每台传感器的仪表系数由制造厂填写在检定证书中，K 值设入配套的显示仪表中，便可显示出瞬时流量和累积总量。

因此流量只与线圈感应出的脉冲信号的频率呈一一对应的线性关系。

（2）涡轮流量计的结构

根据涡轮流量计的工作原理，其结构基本包括涡轮、导向器、信号处理环节等几个部分，如图 4-12 所示。

① 涡轮　涡轮又称叶轮，大多由导磁不锈钢材料制成，有直板叶片、螺旋叶片等多种，可用嵌有许多导磁体的多孔护罩环来增加一定数量叶片涡轮旋转的频率。涡轮由轴承支撑，与壳体同轴，其叶片数量视口径大小而定。叶轮几何形状及尺寸对传感器性能有较大影响，要根据流体性质、流量范围、使用要求等设计。叶轮的动平衡很重要，直接影响仪表性能和使用寿命。

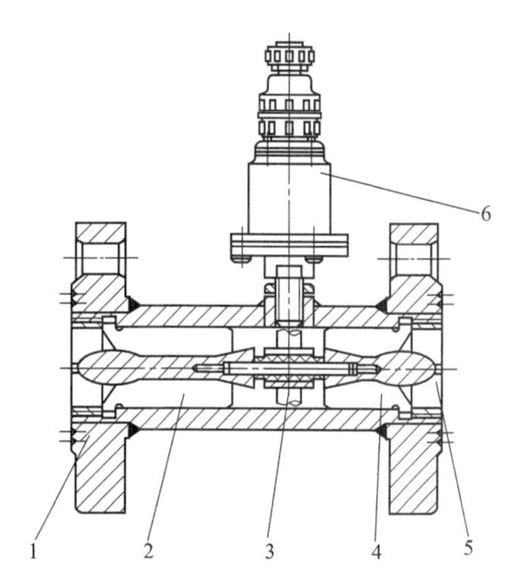

图 4-12　涡轮流量计结构

1—壳体；2,4—前后导向器；3—涡轮；5—压紧环；6—磁电转换器

用于支撑叶轮旋转的是轴与轴承，它需要有足够的刚度、强度和硬度、耐磨性、耐腐蚀性等。它决定着传感器的可靠性和使用期限。传感器失效通常是由轴与轴承引起的，因此其结构及材料的选用和维护非常重要。

② 导向器　也叫整流器，在流量计进出口装有导向体，即图 4-12 中的前后导向器，它们对流体起导向整流以及支撑叶轮的作用。通常选用不导磁材料制成。

③ 信号处理环节　传感器的主要作用是把转动的信号转换为电信号。核心部件是磁电转换器，国内常用变磁阻式，输出信号有效值在 10mV 以上，配放大器可输出伏级信号。如图 4-13 所示。

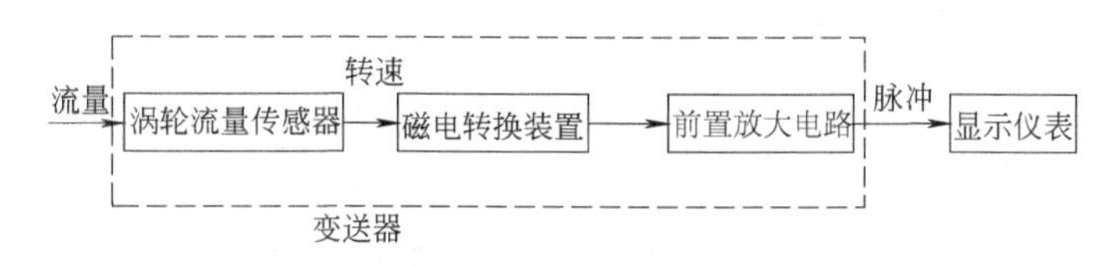

图 4-13　涡轮流量计信号处理环节结构

④ 壳体　壳体起到承受被测流体的压力、固定安装检测部件、连接管道的作用。壳体采用不导磁材料制成。

（3）涡轮流量计的特点

涡轮流量计是当前应用较多的流量计种类之一。这种流量计的优点非常多：体积小；重量轻；准确度高（可以当作计量标准仪表）；反应时间快（可达到毫秒级）；量程比宽（一般为 10∶1）；压力损失小；适用工作流体温度高；输出为脉冲信号不易受到干扰；可以长距离传输便于各种参数处理等。

正是基于上述这些优点，涡轮流量计目前正广泛应用于石化、冶金、燃气等行业。

4.4.4 靶式流量计

靶式流量计在工业上的开发应用已有数十年的历史，它适用于低雷诺数的流体、高黏度的液体、易结晶或凝结的流体以及带有沉淀物和固体颗粒的流体等介质的流量的测量。

(1) 测量原理

在测量管（仪表表体）中心同轴放置一块圆形靶板，当流体冲击靶板时，靶板上受到一个力 F，它与流速 v、介质密度 ρ 和靶板受力面积 A 之间关系式如式(4-38) 所示。

$$F=C_D A\frac{\rho v^2}{2} \tag{4-38}$$

式中，F 为靶板上受的力，N；C_D 为阻力系数；ρ 为流体密度，kg/m^3；v 为流体流速，m/s；A 为靶板受力面积，m^2。

经推导与换算，得流量方程如下：

$$q_v=Av=4.512\alpha D\left(\frac{1}{\beta}-\beta\right)\sqrt{\frac{F}{\rho}} \tag{4-39}$$

$$q_m=Av\rho=4.512\alpha D\left(\frac{1}{\beta}-\beta\right)\sqrt{\rho F} \tag{4-40}$$

式中，q_m、q_v 分别为质量流量和体积流量，kg/h，m^3/h；α 为流量系数；D 为测量管内径，mm；β 为直径比，$\beta=d/D$，d 为靶板直径，mm。

从上述计算过程可知，在被测流体的密度 ρ、管道直径 D、靶径 d 和流量系数 α 已知的情况下，只要测出靶上受到的力 F，即可求得通过流体的流量。在工业上一般是通过转换器将此力信号转换成电信号或气信号进行测量、显示、记录和远传。

(2) 靶式流量计的结构

靶式流量计由靶装置和测力装置两部分组成。

靶装置又称为测量装置。它主要是将流动的液体在靶上产生的力，通过挠性管或支点膜片传递给测力装置，从而实现了流量-力的转换。

测力装置又称为转换装置，它是把靶装置传递过来的力通过力平衡机构和放大装置，转换成统一信号输出。

目前靶式流量计根据其测量装置和转换装置工作原理的不同有很多种类，各种靶式流量计的结构及特点见表 4-5。

表 4-5 各种靶式流量计的结构及特点

结构类型	信号转换形式	示意图	特点	备注
轴封膜片结构型	力-气压	气动放大单元 喷嘴 恒节流孔 满量程调整机构 气源 杠杆 输出压力 轴封膜片 靶片 负反馈波纹管 测量管 零点调整机构	稳定性差、灵敏度低、量程范围窄、耐压能力低、调试繁琐，安装现场必须提供标准气源、相关设备，投入大、维护成本高	该结构流量计出现较早，现已很少使用，在如防爆要求严格、老设备改造等特殊场合仍被使用

续表

结构类型	信号转换形式	示意图	特点	备注
轴封膜片结构型	力-位移-电压	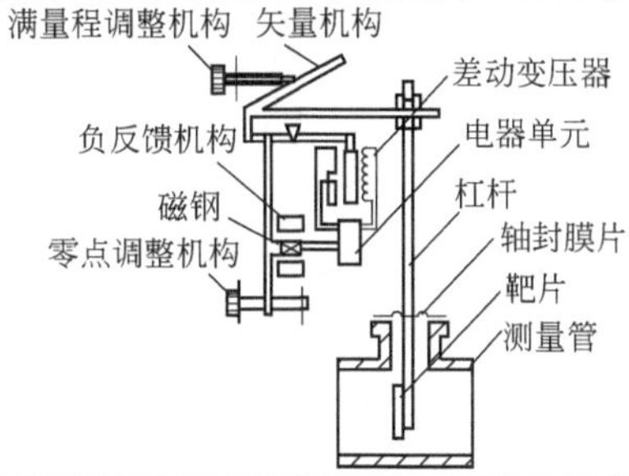 满量程调整机构 矢量机构 差动变压器 负反馈机构 电器单元 磁钢 杠杆 零点调整机构 轴封膜片 靶片 测量管	结构复杂、调试极其困难、稳定性很差、易受到振动干扰，测量精度和灵敏度低、量程范围窄、耐压能力低	此结构是靶式流量计在20世纪70～80年代的主要结构形式，到90年代初期已基本不生产
	力-应变-电压	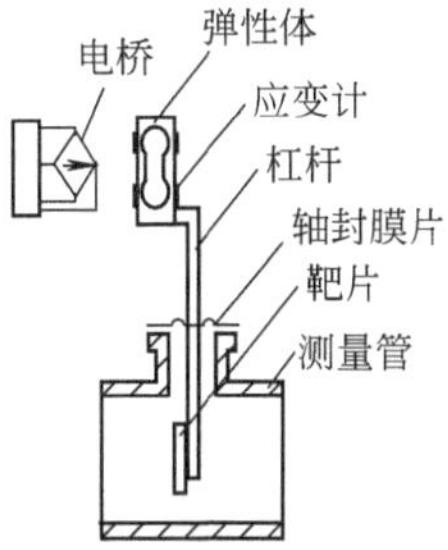 电桥 弹性体 应变计 杠杆 轴封膜片 靶片 测量管	以电子技术为基础、以应变测量为手段测力，测量精度提高。电子技术的使用使结构简化可靠性提高，调试简单，制造成本和维护费用降低	此结构是20世纪90年代中期发展起来的，改变了以往力的机械模式的装换方式
挠性管结构型	力-应变-电压	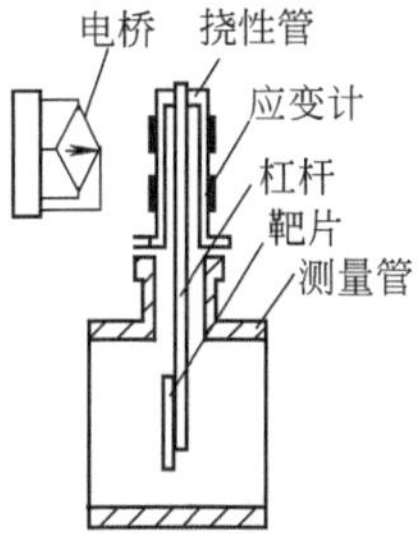 电桥 挠性管 应变计 杠杆 靶片 测量管	提高了流量计的耐压性能和密封可靠性，中间环节减少，消除了力的传递误差，提高了测量精度。但对应变计的耐温性能要求有所提高，应变计的粘接工艺要求更严格	是轴封膜片应变靶式流量计的改进型，将前者的弹性体和轴封膜片设计成一体，使机构更为简化
扭力管结构型	力-扭矩-电压	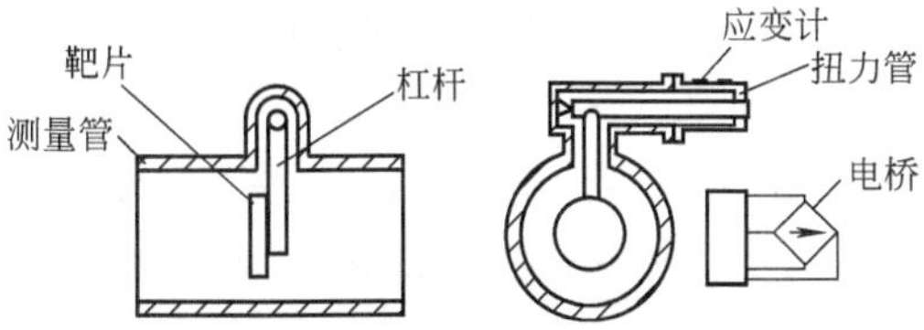 靶片 杠杆 测量管 应变计 扭力管 电桥	解决了微小流量、宽量程比、高温和高压的测量要求。所测靶力可在0.1N到几百牛范围，耐压能力可达到42MPa以上	无
差压靶结构型	力-差压	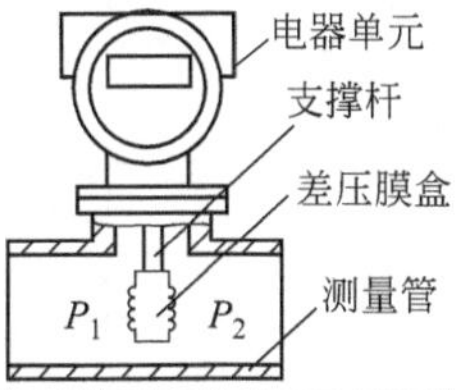 电器单元 支撑杆 差压膜盒 P_1 P_2 测量管	结构简单、安装维修方便、测量精度高、性能可靠	一种新概念流量测量仪表，综合了节流装置和靶式流量计的优点，克服各自的缺点

(3) 靶式流量计的特点

① 对介质的条件要求很低。靶式流量计可测量高黏度的流体，如沥青、重油、聚乙烯醇等黏度较高的液体，也可测量易结晶、易凝结和带有悬浮颗粒的流体。此外，还适用于非导电流体、气体蒸汽及脉动流体的测量。

② 结构简单，没有转动、滑动等可动部件，避免磨损和束缚机构，与差压式流量计相比，不需易堵、易漏和易冻的导压管，也不需切断阀、沉降器等辅助设施，给安装和维修带

来了方便。

③ 灵敏度较高。采用高灵敏度的电阻应变仪直接检测流体流动，对断续计量和急剧变化的流动测量也能有相当好的响应。

④ 对应用场所的条件要求不高。靶式流量计对介质的温度、压力和黏度的变化不敏感。其工作压力一般小于105个大气压，最高工作压力可达3500个大气压，测量介质的温度变化范围较大，一般为－160～340℃。

⑤ 可用于大口径、大流量测量。仪表口径一般为12～200mm，最大口径可达1200mm，流量测量下限为0.075L/s，上限没有任何限制。

⑥ 压力损失较大。由于靶式流量计中阻力体靶及连接柄的存在，将产生一定的压力损失，但远比孔板和涡轮等流量计的压力损失小。

⑦ 测量精确度较低，没有标定时，一般为±5％～±1％，特别在低雷诺数情况下，精确度将受到影响，流量计的测量误差很大。再现性较好，大约在±0.3％以内。

⑧ 流量与输出信号不呈线性关系，输出信号受介质密度的变化影响很大。

4.5 容积式流量计

工业上应用的容积式流量计的检测原理与日常生活中用容器计量体积的方法类似。但是为适应工业生产的要求，应连续地对密闭管道中的流体流量进行测量，以确定生产所需物料、能量等的用量及产量。此类流量计测量精度高，可达0.1～0.2级，所以广泛用于贸易和精密的仓库管理，在石油方面的流量测量更具主导地位，并已有国际统一的测量标准。

4.5.1 测量原理

为了在密闭管道中连续检测流体的流量，采用容积分界的方法，流量计内部的转子在流体的压力作用下转动，随着转子的转动，使流体从入口流向出口，在转子转动中，转子和流量计壳体形成一定的容积空间 V_0，流体不断充满这一空间，并随着转子的转动，流体被一份一份从计量室送出。在已知计量容积 V_0 的情况下，测量出转子的转动次数，就可计算出这段时间内流体通过仪表的体积量，从而确定流体的流量。

$$V=NV_0 \tag{4-41}$$

式中，V 为流量计测得的体积流量；V_0 为流量计内所具有的标准计量空间；N 为流量计内转子转动的次数。

如果转子的转数 N 是在单位时间内测定的，则可获得流体瞬时流量的大小。如果转子的转数 N 是在一段时间里测定的，则可以得到在这段时间通过流量表的流体总量。因此又称该流量表为计量表。

4.5.2 容积式流量计的种类

按检测仪表的结构进行分类，常用的容积式流量计有椭圆齿轮流量计、腰轮（罗茨）流量计、刮板流量计、旋转活塞式流量计、圆盘式流量计、膜式气体流量计、湿式气体流量计等。这里简单介绍在石化企业中应用比较多的几种。

（1）椭圆齿轮流量计

它的主要部件是测量室（即壳体）和安装在测量室内的两个互相啮合的椭圆齿轮 A 和 B，两个齿轮分别绕自己的轴相对旋转，与外壳构成封闭的月牙形空腔。

当流体流过椭圆齿轮流量计时，由于要克服阻力将会引起压力损失，而使得出口侧压力 P_2 小于进口侧压力 P_1，在此压力差的作用下，产生作用力矩而使椭圆齿轮连续转动。

在如图 4-14(a) 所示的位置时，$P_1>P_2$，合力矩使齿轮 B 逆时针旋转，此时 B 为主动轮，A 为从动轮，所以 A 顺时针转动。当转到图 4-14(b) 所示的中间位置时，两个齿轮均为主动轮。当转至图 4-14(c) 所示位置时，合力矩使 A 轮顺时针方向转动，并把已吸入月牙形空腔内的流体从出口排出，此时 A 轮为主动轮，B 轮为从动轮。如此往复循环，两个齿轮交替地由一个带动另一个转动，并把被测介质以月牙形容积为单位一次一次地由进口排至出口。

可见齿轮转动时，左右两边分别交替与壳体构成半圆形截面的空间 V_0'，并以 V_0' 为基本单位，一次一次地将被测介质由变送器的入口排至出口。当两个齿轮各完整地转一圈后，变送器所排出的被测介质量为 V_0' 的 4 倍，由式(4-41) 得椭圆齿轮流量计测得的流量为

$$V=4NV_0' \tag{4-42}$$

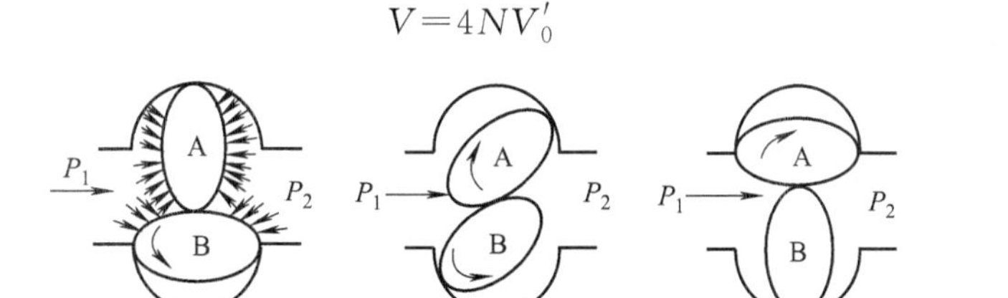

图 4-14 椭圆齿轮流量计工作过程

（2）腰轮（罗茨）流量计

腰轮流量计又称罗茨流量计，其工作原理与椭圆齿轮流量计相同，结构也很相似，只是转子的形状略有不同。腰轮流量计的转子是一对不带齿的腰形轮，在转动过程中两腰轮不直接接触而保持微小的间隙，依靠套在壳体外的与腰轮同轴上的啮合齿轮来完成驱动。这一点与椭圆齿轮流量计相比具有明显的优点。椭圆齿轮啮合接触磨损大，受被测流体清洁度影响较大，容易损坏和降低准确度，而腰轮由于靠附加驱动齿轮发生联动，工作时各测量元件间都不接触，因此运行中磨损很小，可达较高的测量准确度，能保持流量计的长期稳定件。如图 4-15 所示。计量过程与齿轮流量计相同，可用式(4-42) 表示。

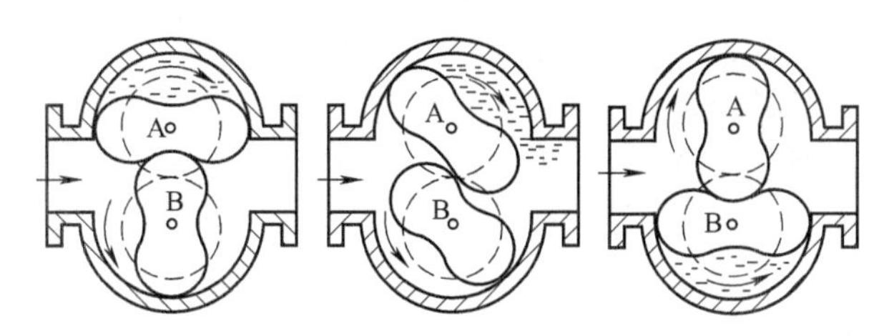

图 4-15 腰轮流量计工作过程

（3）刮板流量计

刮板流量计是一种高精度的容积式流量计，适用于含有机械杂质的流体。较常见的凸轮式刮板流量计如图 4-16 所示。

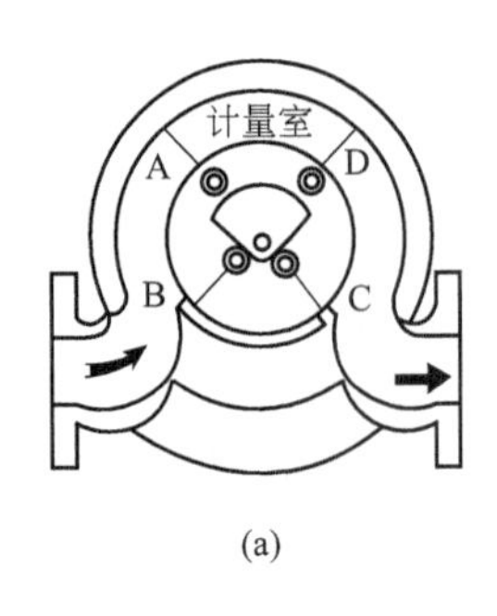

(a)

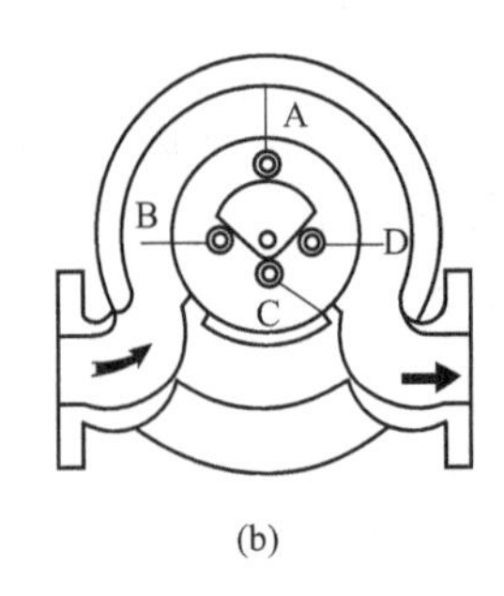

(b)

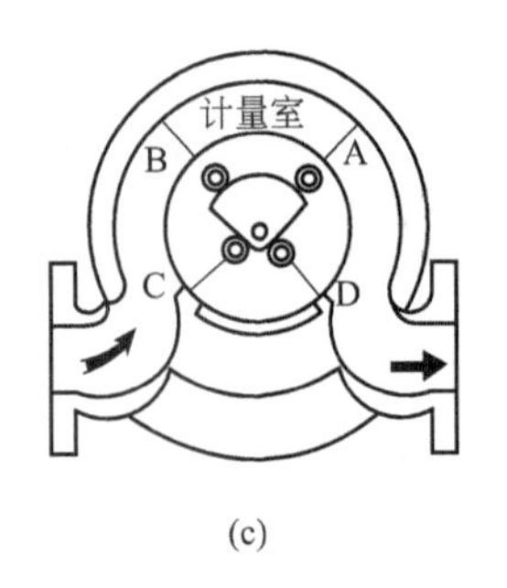

(c)

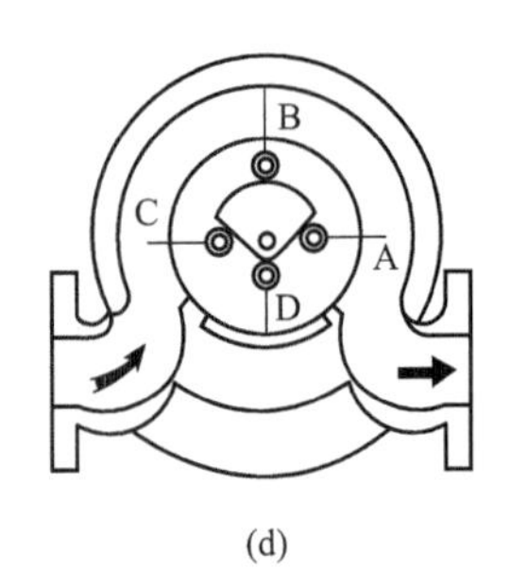

(d)

图 4-16 凸轮式刮板流量计工作过程

这种流量计主要由可旋转的转子、刮板、固定的凸轮及壳体组成。壳体的内腔为圆形，转子是一个可以转动、有一定宽度的空心薄壁圆筒，筒壁上开了四个互成 90°的槽，刮板可在槽内径向自由滑动。四块刮板由两根连杆连接，相互垂直，在空间交叉。每一刮板的一端装有一小滚轮，沿一具有特定曲线形状的固定凸轮的边缘滚动，使刮板时伸时缩，且因为有连杆相连，若某一端刮板从转子筒边槽口伸出，则另一端的刮板就缩进筒内。转子在流量计进、出口差压作用下转动，每当相邻两刮板进入计量区时均伸出至壳体内壁且只随转子旋转而不滑动，形成具有固定容积的测量室，当离开计量区时，刮板缩入槽内，流体从出口排出，同时后一刮板又与其另一相邻刮板形成测量室。转子旋转一周，排出 4 份固定体积的流体，由转子的转数就可以求得被测流体的流量。计量过程与齿轮流量计相同，可用式(4-42）表示。

4.5.3 容积式流量计的特点

容积式流量计与差压式流量计、浮子流量计并列为三类使用量最大的流量计，常应用于昂贵介质（油品、天然气等）的总量测量。

(1) 优点

① 计量精度高，在流量仪表中是精度最高的一类。

② 安装管道条件对计量精度没有影响。

③ 可用于高黏度液体的测量。

④ 范围度宽，典型的流量量程比可为 5∶1 到 10∶1，特殊的可达 30∶1。

⑤ 直读式仪表无需外部能源可直接获得累计，总量清晰明了，操作简便。

(2) 缺点

① 结构复杂，体积庞大。

② 被测介质种类、口径、介质工作状态局限性较大。

③ 不适用于高、低温场合。

④ 大部分仪表只适用于洁净单相流体。

⑤ 产生噪声及振动。

4.6 质量式流量计

大部分的流量检测仪表所能直接测得的为体积流量，但生产中进行产量计量交接、经济核算和产品储存时希望直接测量介质的质量，而不是体积，因此能够用来直接测量质量流量的流量计在近些年得到了很快发展。

4.6.1 质量流量计的分类

（1）直接式质量流量计

直接式质量流量计利用与质量流量直接有关的原理进行测量，目前常用的有量热式、角动量式、振动陀螺式、马格努斯效应式和科里奥利力式等质量流量计。直接式质量流量计具有高准确度、高重复性和高稳定性特点。

（2）间接式质量流量计

间接式质量流量计是用密度计与容积流量直接相乘求得质量流量的。

① 组合式　可同时检测流体的体积流量和密度 ρ，或与密度有关的参数，然后通过运算单元计算出介质的质量流量信号输出。如速度式流量计与密度计的组合，节流式（或靶式）流量计与容积式流量计的组合，节流式（或靶式）流量计与密度计组合。

② 温度压力补偿式　可同时检测流体的体积流量和温度、压力值，再根据介质密度与温度、压力的关系，由运算单元计算得到该状态下介质的密度值，最后计算得到介质的质量流量值输出。

科里奥利质量流量计工作原理

4.6.2 科里奥利质量流量计工作原理

科里奥利质量流量计是利用与质量流量成正比的科里奥利力这一原理制成的直接式质量流量仪表。

（1）科里奥利力

如图 4-17 所示，截取一根支管，流体在其内以速度 v 从 A 流向 B，将此管置于以角速度 ω 旋转的系统中。设旋转轴为 X，与管的交点为 O，由于管内流体质点在轴向以速度 v、在径向以角速度 ω 运动，此时流体质点受到一个切向科氏力 F_c。该力与科里奥利惯性力大小相同，将其称为科里奥利力，简称科氏力。

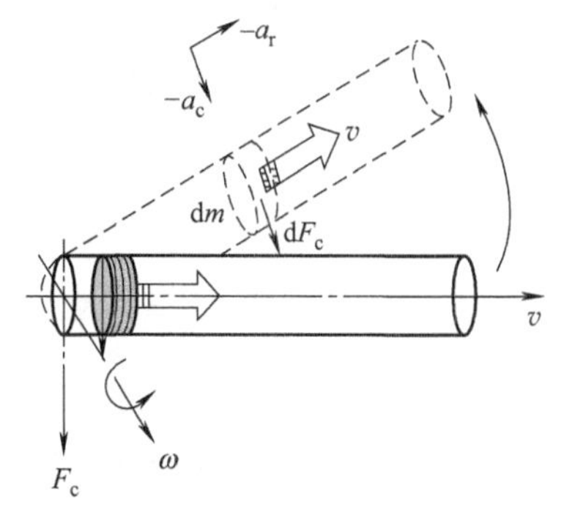

图 4-17　科里奥利力

这个力作用在测量管上，在 O 点两边方向相反，大小相同，为：$\mathrm{d}F_c = 2\omega v \mathrm{d}m$。

科氏力 $\mathrm{d}F_c$ 的方向可由右手螺旋定则判断：大拇指与转轴同轴，四指与转动系旋转方向一致并且是由 $\mathrm{d}F_c$ 指向 v。若流向 v 反向，则 $\mathrm{d}F_c$ 也相反。

在旋转管道中以匀速 v 流动的流体密度为 ρ，则管道受到流体所施加的科氏力的大小为

$$F_c = \int \mathrm{d}F_c = \int_0^L 2\omega v \rho A \mathrm{d}L = 2\omega v \rho A L = 2\omega L q_m \tag{4-43}$$

式中，A 为管道的流通截面积；L 为管道长度；q_m 为质量流量，$q_m = \rho v A$。

因此测量旋转管道中流体产生的科氏力就能测出流体的质量流量。

（2）科里奥利质量流量计的测量原理

如图 4-18 所示为质量流量计的工作原理，质量流量计中有两根平行的流量管，介质流入传感器后会被平分成两部分，流入各条流量管中。在操作过程中，驱动线圈经驱动后会使两根流量管向相对方向振动。通过相对方向的振动，两根流量管得到了平衡振动，并且避免了外部振动对流量计的影响。检测线圈安装在一根流量管的两侧侧管上，而磁铁则安装在其

相对的另一条流量管的两侧侧管上。每个线圈都会穿过邻近磁铁的匀强磁场。且每个检测线圈上产生的电压都会形成一个正弦波。因为磁铁安装在其中一个流量管上，而线圈则安装在相对的另一个流量管上，因此产生的正弦波代表的是一根流量管相对于另一根流量管的运动。

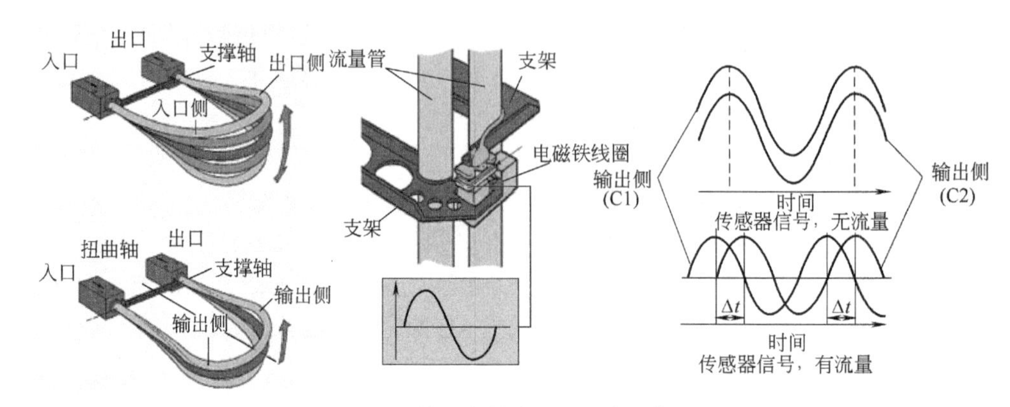

图 4-18　科里奥利质量流量计工作原理

当没有流量时，形成的正弦波会相互吻合。在无流量时，不会产生科里奥利效应。因此入口与出口的运动相同，且两个正弦波也相吻合。当有流量时产生科里奥利效应。科里奥利力使流量管彼此相对扭曲振动。入口和出口侧管上的科里奥利力方向相反，从而导致了流量管产生扭曲运动，入口侧管的运动滞后于出口侧管的运动，因此，此时传感组件上产生的正弦波便出现了不同步的现象。

两个正弦波间的时间延迟称为相位差，单位为微秒。相位差总是与质量流量成正比，即科里奥利力产生的相位差越大，质量流量也越大。

利用数字信号处理技术，时间延迟的测量速度可提高 2400 倍，这便使响应更快、噪声更低和诊断更全面。相位差是一个表示正弦波信号的相位差和频率的函数。

4.6.3 科里奥利质量流量计的结构及组成

科里奥利质量流量计由一个传感器和一个变送器组成，有时还包括多个外围设备。如图 4-19 所示。传感器测量流量、密度和温度。变送器将传感器信息作为输出信号。它犹如系统的大脑一样能够提供显示、基本菜单访问、输出信号，以便与其他系统进行连接。外围设备提供监测、报警或其他功能（例如批量控制和增强的密度功能）。

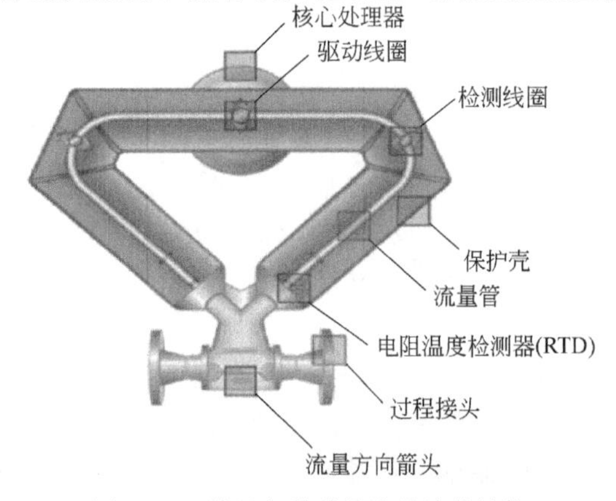

图 4-19　科里奥利质量流量计的结构

科里奥利力质量流量计的结构如图 4-19 所示

① 流量管。科里奥利流量管属接触介质的部件，由不锈钢或镍合金制成（根据处理介质的材质相容性而定）。

② 驱动线圈和磁铁。驱动线圈与磁铁配合使用，使科里奥利传感器流量管发生振动。线圈驱动后，会使流量管以其正常频率进行振动。

③ 检测线圈和磁铁。流量管的两侧有检测线圈及其磁铁构成的电磁检测器。电磁检测器产生一个代表振动管在该位置上的流量和位

置的信号。通过计算这些信号间的相位差，可计算出质量流量。

④ RTD。一个 100Ω 的铂电阻温度检测器（RTD），可提供流量管温度信号。

⑤ 过程接头。过程接头有时被称为端连接或端接头。为确保成功连接过程接头，连接法兰必须相匹配。

⑥ 分流器。过程端接头与流量管之间的部分称为分流器部分。分流器将过程介质均匀地分配到两条流量管中。

⑦ 核心处理器。传感器驱动线圈、检测线圈、RTD 元件的配线都连接到此核心处理器。其核心处理器是一套精密的电子设备，用于控制传感器和进行初级信号测量及处理。核心处理器可执行所有必要运算以获得测量的过程变量值，并将这些值传送给变送器，以供操作员和控制系统使用。

⑧ 保护壳。外壳可保护电子设备和配线不受外界的侵蚀，并可为介质提供额外（或二级）密封保护。一些保护壳还配备泄压孔以满足特定应用要求。

4.6.4 科里奥利质量流量计的类型

科里奥利质量流量计的类型取决于测量管的形状。常见的有直管、Ω 形、B 形、S 形、J 形、环形等。其结构如表 4-6 所示。

表 4-6　科里奥利质量流量计的类型

类型	示意图	类型	示意图
S 形测量管	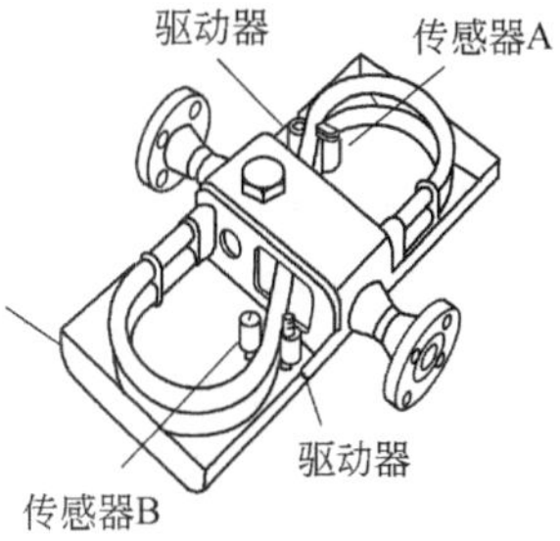 驱动器 传感器A 驱动器 传感器B	U 形测量管	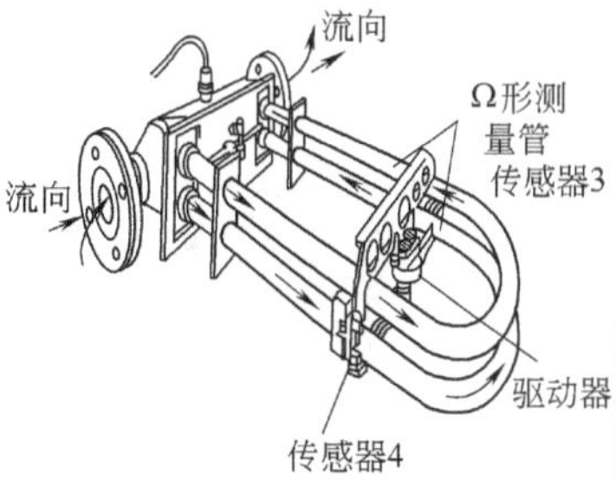 流向 Ω形测量管 传感器3 流向 驱动器 传感器4
双 J 形测量管	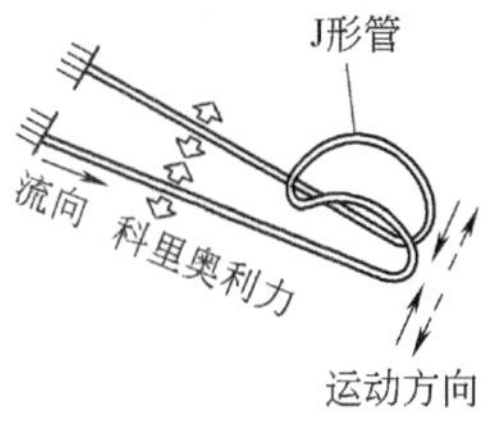 J形管 流向 科里奥利力 运动方向	B 形测量管	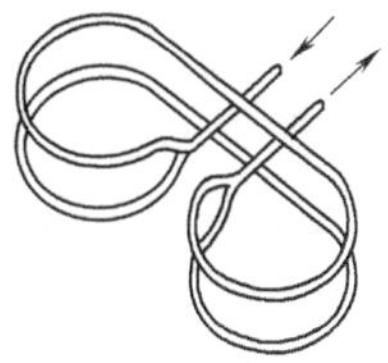
单直测量管	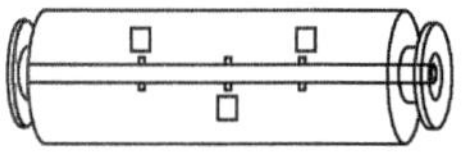	双直测量管	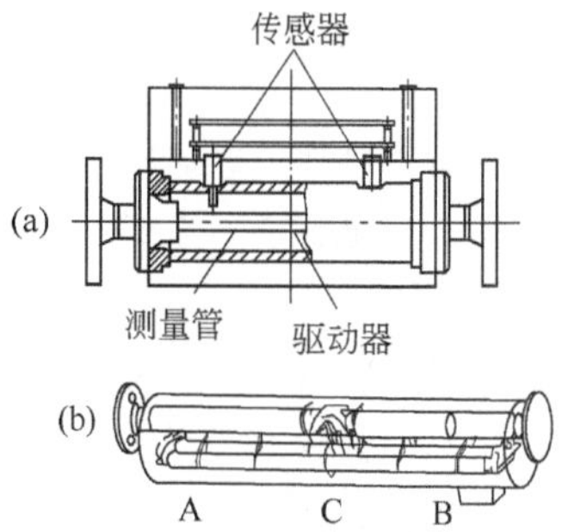 传感器 (a) 测量管 驱动器 (b) A C B

续表

类型	示意图	类型	示意图
Ω形测量管	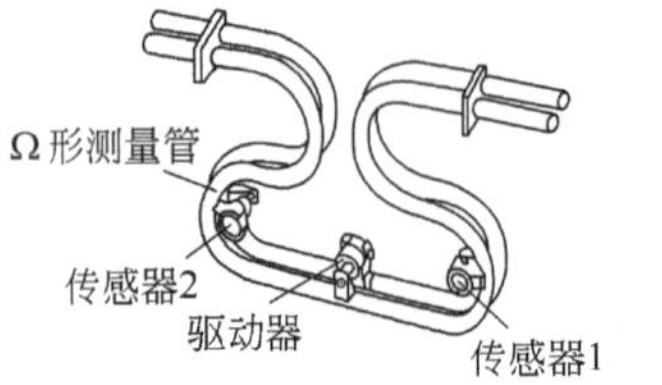 Ω形测量管 传感器2 驱动器 传感器1	双环形测量管	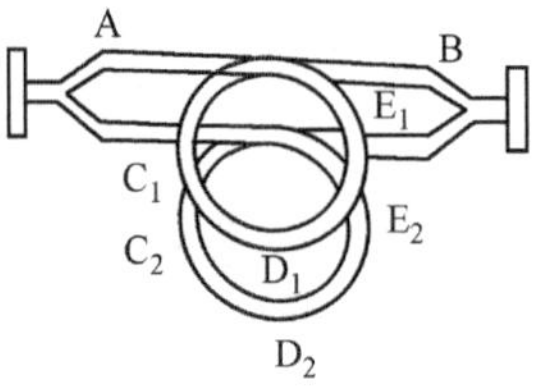 A B E_1 C_1 E_2 C_2 D_1 D_2

4.6.5 质量流量计的特点

（1）优点

① 能够直接测量质量流量，仪表精度高，可达 0.2 级。理论上讲，精度只与测量管的几何形状和测量系统的振荡特性有关，与被测介质的物性等无关。

② 可测含固形物的浆液以及含有微量气体的液体、中高压气体，尤其适合测高黏度甚至难流动液体的流量。

③ 不受管内流动状态的影响，对上游侧流体的流速分布也不敏感，安装时对上下游直管段无要求。

（2）缺点

容易发生零点漂移；对振动干扰敏感；不能用于测量低密度介质；体积和重量大，压损也较大；价格昂贵。

任务 5

3051 智能差压流量计的组态及校验

一、实验目的

① 通过实训掌握孔板测量液体流量的工作原理及方法。

② 掌握差压变送器的校验方法。

二、实验设备

① 3051 智能差压变送器，量程 0～100kPa，精度 0.01 级。

② 孔板。

③ 精密电阻，250Ω。

④ 精密电流表，量程 0～25mA，精度 0.025 级。

⑤ 压力发生器，最大输出压力 120kPa。

⑥ HART 475 手操器。

⑦ 24V 直流电源。

⑧ 变频器。

⑨ 玻璃管液位计。

三、实验步骤

1. 变送器组态及校验

① 按［任务二］中EJA智能压力变送器校验接线示意图进行接线。

② 检查接线是否正确，正确后上电，预热15min。

③ 组态。按表4-7要求进行组态。

表4-7　3051智能差压变送器的组态要求

位号	单位	阻尼时间	量程下限LRV	量程上限URV	输出方式
FRC-120	kPa	0.5s	0kPa	16kPa	开方

a. 位号、单位、阻尼时间及量程上、下限的设置同［任务二］中介绍的方法。

b. 设置输出方式：

1Device setup→3 Basic setup→5 Fncth→Sq root

按“ENTER”确认。按“SEND”传送，即完成了变送器的输出方式组态。

④ 差压变送器的校验。零点和量程校验方法同［任务二］。

⑤ 仪表精度校验。仪表精度校验，采用5点校验法（测量范围的0%、25%、50%、75%、100%），同［任务二］。

值得注意的是，由于输出方式为开方，因而5点压力输入信号计算方法为$\Delta P_i=(i\%)^2\times\Delta P$（其中$i$为需校验的5点中的百分比的值）。

最后按照智能变送器校验单，填写校验单，见表4-8。

表4-8　3051智能差压变送器校验单

仪表名称		型号选项		模式			
制造厂		精确度		出厂编号			
输　入		允许误差		电源			
输　出		最大工作压力		出厂量程			
标准表名称							
标准表精度							
输　　入		输　　　　出					
标准值			实　测　值/mA				
(%)	(kPa)	(mA)	上行	误差	下行	误差	回差
最大绝对误差/mA							
最大绝对变差/mA							
结论：							
校验人：　　　　年　　月　　日							

2. 安装

① 打开实训室总电源，打开水箱部分电源，打开总气源，打开上水阀，关闭排水阀，打开回水阀。

② 使变频器手动约15Hz，使流量稳定。打开水箱的进水和出水阀，使水流经水箱但水箱中没有存水。

③ 待流量计的输出稳定后，关闭水箱的回水阀，同时启动秒表。

④ 观察水箱内液位上涨情况，在液位至400mm高度时停止计时。关闭上水阀，打开回水阀。

⑤ 根据孔板和差压变送器的规格换算出流量 Q_1。孔板的最大流通能力400kg/h。

⑥ 根据水箱内水的体积和时间换算出流量 Q_2。比较 Q_1 和 Q_2 的关系，看是否符合精度要求，当严重超差时，调整差压变送器的零点和量程电位器。

⑦ 将变频器频率提高到30Hz，重复上述步骤，记录第二组数据。填入表4-9。

四、数据处理

计算各点的绝对误差和变差，找出最大绝对误差和最大变差，均填入表4-9中。将最大绝对误差和最大变差与仪表的允许误差比较，若超过允许误差，则要继续调零的步骤，直到仪表的最大绝对误差和最大变差均小于仪表的允许误差，此时才满足要求。

表4-9 仪表测量数据记录

	第1组(变频器15Hz)	第2组(变频器30Hz)
Q_1/(kg/h)		
Q_2/(kg/h)		
相对误差/%		

4.7 流量检测仪表的选择及标定

4.7.1 流量仪表的选择依据

一般选型可以从五个方面进行考虑，这五个方面为仪表性能方面、流体特性方面、安装条件方面、环境条件方面和经济因素方面。五个方面的详细因素如下。

① 仪表性能方面：准确度、重复性、线性度、范围度、流量范围、信号输出特性、响应时间、压力损失等。

② 流体特性方面：温度、压力、密度、黏度、化学腐蚀、磨蚀性、结垢、混相、相变、电导率、声速、热导率、比热容、等熵指数。

③ 安装条件方面：管道布置方向，流动方向，检测件上下游侧直管段长度、管道口径，维修空间、电源、接地、辅助设备（过滤器、消气器）、安装等。

④ 环境条件方面：环境温度、湿度、电磁干扰、安全性、防爆、管道振动等。

⑤ 经济因素方面：仪表购置费、安装费、运行费、校验费、维修费、仪表使用寿命、备品备件等。

4.7.2 流量仪表适用场合

流量仪表的选择应根据工艺要求和工艺条件进行合理选择，表 4-10 给出了一些参考依据。

表 4-10　流量仪表选型参考

流量仪表类型		液体									气体					
		清洁	脏污	颗粒纤维浆	浆	腐蚀性	黏性	非牛顿流体	液液混合	液气混合	一般	小流量	大流量	腐蚀性	高温	蒸汽
差压式	孔板	√	?	×	×	△	?	?	√							√
	喷嘴	√	?	×	×	√	△	?	√	△	√	△	△	△	√	√
	文丘里管	√	△	×	×	△	△	?	√	△	√	△	△	△	√	√
浮子式	玻璃锥管	√	×	×	×	△	△	×	×	×	√	√	×	△	×	×
	金属锥管	√	×	×	×	△	△	×	×	×	√	√	×	△	×	√
容积式	椭圆齿轮	√	×	×	×	×	△	×	△	×	×	×	×	×	×	×
	腰轮	√	×	×	×	×	△	×	△	×	√	×	×	×	×	×
	刮板	√	×	×	×	×	△	×	△	×	×	×	×	×	×	×
涡轮式		√	×	×	×	×	?	×	△	△	√	×	×	×	×	×
电磁式		√	√	√	√	√	√	√	√	?	×	×	×	×	×	×
旋涡式	涡街	√	△	△	×	△	×	×	△	×	√	×	?	×	?	?
	旋进	√	×	×	×	×	×	×	×	×	√	×	×	×	×	×
超声式	传播速度差法	√	×	×	×	×	?	?	△	×	?	×	×	?	×	×
	多普勒	√	√	√	√	√	×	?	√	△	×	×	×	×	×	×
靶式		√	√	×	×	×	?	?	√	△	×	×	×	×	×	×
科里奥利质量式		√	√	△	×	?	√	√	△	?	?	×	×	?	×	×
插入式涡轮，电磁，涡街		√	?	?	×	?	?	?	?	?	√	×	√	×	×	×

注：√——最适用；△——通常适用；?——在一定条件下适用；×——不适用。

4-1　流量检测的意义是什么？

4-2　简述流量的定义、单位及表示方法。

4-3　简述节流式流量计的基本原理。

4-4　差压变送器在进行流量测量时的输出模式是什么？若选择量程为 0～80kPa 的差压变送器来测量 0～10m^3/h 的流量，则该表在进行校验时的 5 点取值分别为多少？

4-5　简述差压式流量检测仪表的组成及其功能

4-6 什么是标准节流装置？我国对标准节流装置是如何定义的？

4-7 简述转子流量计的原理。

4-8 转子流量计为什么要刻度换算？

4-9 一转子流量计用标准状态下的水进行标定，其量程范围为 0.1～$1m^3/h$，转子材料为不锈钢，其密度 $\rho_f=7900kg/m^3$，现用来测量密度为 $791kg/m^3$ 的甲醇，试求：(1) 体积流量的密度修正系数；(2) 流量计测量甲醇的测量范围。

4-10 一转子流量计测量 40℃、两个标准大气压（表压）下的氧气流量，流量计读数为 $100m^3/h$，流量计原刻度是在 20℃，一个标准大气压（绝对压力）下用空气标定的，问氧气的实际流量？（已知在标定条件下氧气密度 $1.331kg/m^3$，空气密度 $1.205kg/m^3$，当地大气压为一个标准大气压）。

4-11 说明电磁流量计的工作原理。

4-12 说明涡街流量计的工作原理。

4-13 分析椭圆齿轮流量计是如何实现流量测量的？

4-14 有一椭圆齿轮流量计，某天 24 小时走字数为 120 字，已知积算系数为 $1m^3$/字，求这一天的物料量是多少？平均流量是多少？

项目五

温度检测仪表的认识及使用

温度是人类最早进行检测和研究的物理量，同时也是工业生产过程中最普遍、最重要的操作参数之一。温度单位是国际单位制（SI）七个基本单位之一，物体的许多物理现象和化学性质都与温度有关，许多生产过程都是在一定温度范围内进行的。例如精馏塔利用混合物中各组分沸点不同实现组分分离，对塔釜、塔顶温度都必须按工艺要求分别控制在一定数值范围内，否则产品质量不合格。因此，温度的检测是人们经常遇到的问题。

仪表的校验是仪表维修工的另一项基本工作，企业在进行大修时要将装置上的所有仪表进行从新校验和标定，对于不合格的仪表要进行淘汰和更换，针对项目一的原料配比工段中温度检测仪表进行维护和检修，并对其中典型的温度检测仪表——热电偶温度计和644温度变送器进行校验，经过校验合格的仪表再重新安装到管道及装置上。

5.1 温度检测技术概述

5.1.1 温度的概念

温度是表征物体或系统冷热程度的物理量。温度定义的本身并没有提供判断温度高低的数值标准。虽然人们有时可以通过自身的感觉用烫、热、温、凉、冷、冰冷等等来形容冷热的程度，但是只凭主观感觉来判断温度的方法既不科学，也无法定量，而且容易出现差错。为此，物体的温度通常是用专门的仪器进行测量的。温度不能直接加以测量，只能借助于冷热不同的物体之间的热交换，以及物体的某些物理性质随冷热程度不同而变化的特性来加以间接的测量。

用来度量物体温度高低的标尺叫做温度标尺，简称“温标”，是用数值来表示温度的一种方法。它规定了温度的读数起点（零点）和测量温度的基本单位。各种温度的刻度数值均由温标确定。温标的种类很多，目前国际上用得较多的温标有摄氏温标、华氏温标、热力学温标和国际实用温标。

（1）摄氏温标

摄氏温标是根据液体（水银）受热后体积膨胀的性质建立起来的。摄氏温标规定在标准大气压下纯水的冰融点为 0 度，水沸点为 100 度，在 0 到 100 度之间分成一百等份，每一等份为 1 摄氏度，单位符号为℃。温度变量记作 t。

（2）华氏温标

华氏温标也是根据液体（水银）受热后体积膨胀的性质建立起来的。华氏温标规定在标准大气压下纯水的冰融点为 32 度，水沸点为 212 度，中间 180 等份，每一等份为 1 华氏度，单位符号为℉。温度变量记作 t_F。

$$t=\frac{5}{9}(t_F-32) \tag{5-1}$$

$$t_F=\frac{9}{5}t+32 \tag{5-2}$$

可见，用不同的温标所确定的同一温度的数值大小是不同的。利用上述两种温标测得的温度数值，与所采用的选择物体的物理性质（如水银的纯度）及玻璃管材料等因素有关，因此不能严格保证世界各国所采用的基本测温单位完全一致。

（3）热力学温标

热力学温标又称开氏温标，是以热力学第二定律为基础的理论温标，与物体任何物理性质无关，国际权度大会采纳为国际统一的基本温标。单位符号为 K，温度变量记作 T。它规定分子运动停止时的温度为绝对零度，因此它又称为绝对温标。一般所说的绝对零度指的便是 0K，对应零下 273.15 摄氏度。

（4）国际实用温标

热力学温标是一种理想温标。用气体温度计来实现热力学温标，设备复杂，价格昂贵。为了实用方便，国际上经协商，决定建立国际实用温标。

自 1927 年第七届国际计量大会建立国际温标（ITS-27）以来，为了更好地符合热力学温标，大约每隔 20 年进行一次重大修改。国际温标做重大修改的原因，主要是由于温标的基本内容（即所谓温标“三要素”）发生变化。1988 年国际度量衡委员会推荐，第十八届国际计量大会及 77 届国际计量委员会作出决议，从 1990 年 1 月 1 日开始采用 1990 年国际温标（ITS-90）。我国是从 1994 年 1 月 1 日开始，采用 1990 年国际温标（ITS-90）。

国际温标同时使用国际开尔文温度（T_{90}）和国际摄氏温度（t_{90}），它们的单位分别是“K”和“℃”。T_{90} 与 t_{90} 的关系是

$$t_{90}=T_{90}+273.15 \tag{5-3}$$

1990 年国际温标，是以定义固定点温度指定值以及在这些固定点上分度过的标准仪器来实现热力学温标的，各固定点间的温度是依据内插公式使标准仪器的示值与国际温标的温度值相联系。各国根据国际实用温标的规定，相应地建立其自己国家的温度温标。

5.1.2 温度检测仪表种类

温度测量范围很广，有的处于接近绝对零度的低温，有的在几千度的高温。这样宽的范围需用各种不同的温度检测方法和测温仪表来测量。在工业生产和科学实验中，主要的测温方法可归纳为下列几种。

（1）利用物质热膨胀与温度关系测温

用以测温的选择物体可以是固体、气体或液体，其受热后体积膨胀，在一定温度范围内体积变化与温度变化呈连续、单值的关系，且复现性好。如双金属温度计、压力式温度计和

玻璃液体温度计。

（2）利用热电效应测温

两种不同的导体两端短接形成闭合回路，当两接点处于不同温度时，回路中出现热电势。利用这一原理制成生产中广泛使用的热电偶温度计。

（3）利用导体或半导体的电阻与温度关系测温

对于铂、铜等金属导体或半导体热敏电阻，其阻值随温度变化发生相应变化，根据 R-t 关系测量温度。如铂电阻温度计。

（4）利用热辐射原理测温

物体辐射能随温度而变化，利用这一性质制成选择物质不与被测物质相接触而测温的辐射式温度计，如单色辐射高温计、光学高温计和比色高温计等。

在工业生产中，温度的测量范围很广，所用的测温仪表种类也很多。

如果按测温范围来分，常把测量 600℃以上温度的仪表叫高温计，而把测量 600℃以下温度的仪表叫温度计。

如果按工作原理分，常分为膨胀式温度计、热电偶温度计、热电阻温度计、压力式温度计、辐射高温计和光学高温计等。

如果按感温元件和被测介质接触与否，可分为接触式与非接触式两大类。具体可见表 1-4。

5.2　热电偶温度检测仪表

热电偶温度计的工作原理

热电偶是工业上最常用的一种测温元件，它是以热电效应为基础的测温仪表。它的结构简单、测量范围宽、使用方便、测温准确可靠，信号便于远传、自动记录和集中控制，因而在工业生产中应用极为普遍。

5.2.1　测量原理

把两种不同的导体或半导体 A 和 B 连接成如图 5-1 所示的闭合回路，如果将它们的两个接点分别置于温度各为 T 及 T_0（假设 $T>T_0$）的热源中，则在该回路内就会产生热电动势（简称热电势），这种现象称为塞贝克效应，即热电效应。热电偶是基于热电效应而工作的，热电偶回路中的热电势由温差电势和接触电势两部分组成。

（1）温差电势

一根均质金属导体 A 两端温度不等则产生温差电势。

原因：高温端的电子能量比低温端大，自由电子从高温端向低温端扩散的数目比从低温端向高温端扩散的数目要多，其结果，高温端因失去电子而带正电，低温端因得到电子而带负电，从而形成了一个由高温端指向低温端的静电场，该电场的形成将阻止自由电子的进一步扩散，最后达到某一动态平衡状态。如图 5-2 所示。

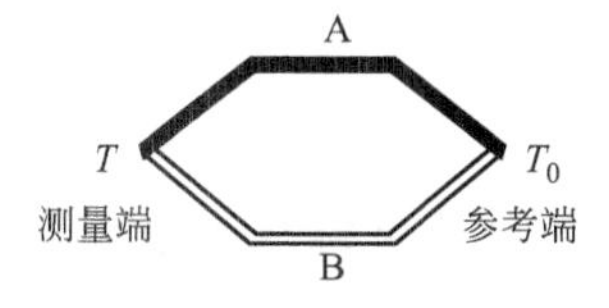

图 5-1　热电偶闭合回路

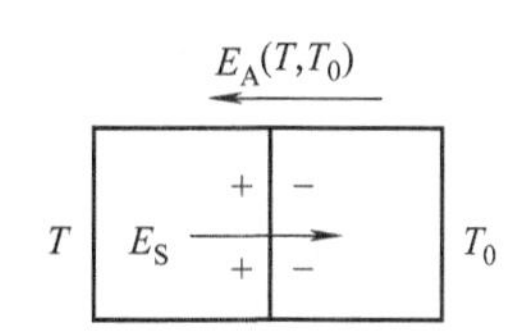

图 5-2　热电偶温差电势

$$E_{\mathrm{A}}(T,T_0)=\frac{K}{\mathrm{e}}\int_{T_0}^{T}\frac{1}{N_{\mathrm{A}t}}\times\frac{\mathrm{d}(N_{\mathrm{A}t}t)}{\mathrm{d}t}\mathrm{d}t=-E_{\mathrm{A}}(T_0,T) \tag{5-4}$$

(2) 接触电势

两种不同金属导体A和B相接触时则产生接触电势。

原因：当电子密度较大的导体A与电子密度较小的导体B相接触时，由于两导体的电子密度不同，自由电子向两个方向扩散的速度就不同，从导体A向导体B电子数目比从导体B向导体A电子数目要多，其结果导体A因失去电子而带正电，导体B因得到电子而带负电。这样，在导体A、B接触面上就形成了一个由A指向B的静电场。该静电场的形成阻止了电子的进一步扩散，最后达到某种动态平衡。如图5-3所示。

$$E_{\mathrm{AB}}(T)=\frac{KT}{e}\ln\frac{N_{\mathrm{A}}(T)}{N_{\mathrm{B}}(T)}=-E_{\mathrm{BA}}(T) \tag{5-5}$$

(3) 热电偶回路的总电势

热电偶回路接触和温差电势分布如图5-4所示，则热电偶回路总电势为：

$$E_{\mathrm{AB}}(T,T_0)=E_{\mathrm{AB}}(T)+E_{\mathrm{B}}(T,T_0)-E_{\mathrm{A}}(T,T_0)-E_{\mathrm{AB}}(T_0)$$

$$=\frac{KT}{\mathrm{e}}\ln\frac{N_{\mathrm{A}}(T)}{N_{\mathrm{B}}(T)}+\frac{K}{\mathrm{e}}\int_{T_0}^{T}\frac{1}{N_{\mathrm{B}t}}\times\frac{\mathrm{d}(N_{\mathrm{B}t}t)}{\mathrm{d}t}\mathrm{d}t-\frac{KT_0}{\mathrm{e}}\ln\frac{N_{\mathrm{A}}(T_0)}{N_{\mathrm{B}}(T_0)}-\frac{K}{\mathrm{e}}\int_{T_0}^{T}\frac{1}{N_{\mathrm{A}t}}\times\frac{\mathrm{d}(N_{\mathrm{A}t}t)}{\mathrm{d}t}\mathrm{d}t \tag{5-6}$$

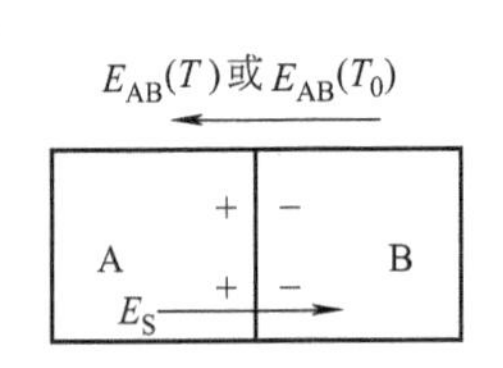

图5-3 热电偶接触电势

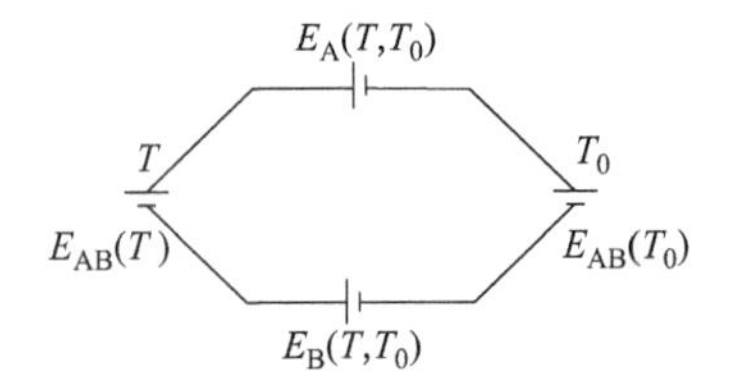

图5-4 热电偶回路电势分布

由于温差电势比接触电势小，又 $T>T_0$，所以在总电势 E_{AB} (T，T_0) 中，以导体A、B在 T 端的接触电势所占的比重最大，故总电势的方向取决于该方向，这样对上式进行整理可得：

$$E_{\mathrm{AB}}(T,T_0)=\frac{K}{\mathrm{e}}\int_{T_0}^{T}\ln\frac{N_{\mathrm{A}}}{N_{\mathrm{B}}}\mathrm{d}t=-E_{\mathrm{BA}}(T,T_0) \tag{5-7}$$

由上式可知，热电偶总电势与电子密度 N_{A}、N_{B} 及两接点温度 T、T_0 有关。电子密度不仅取决于热电偶材料的特性，且随温度的变化而变化，它并非是常数，所以，当热电偶材料一定时，热电偶的总电势成为温度 T 和 T_0 的函数差。即

$$E_{\mathrm{AB}}(T,T_0)=f(T)-f(T_0) \tag{5-8}$$

如果使冷端温度 T_0 固定，则对一定材料的热电偶，其总电势就只与温度 T 成单值函数关系，即

$$E_{\mathrm{AB}}(T,T_0)=f(T)-C=\varphi(T) \tag{5-9}$$

式中，C 为固定温度 T_0 决定的常数。

① 热电偶回路热电势的大小，只与组成热电偶的导体材料及两端温度有关，而与热电偶的长度、热电极直径无关。

② 若组成热电偶回路的两热电极材料相同，无论两接点温度如何，由于两导体的电子

密度相同，不能形成接触电势，而两个温差电势大小相等、方向相反，因此回路中不能产生热电势。利用此结论可验证两热电极材料是否相同。

③ 如果热电偶两接点温度相同，即 $T_0=T$，则尽管两导体材料不同，热电偶回路的总电势亦为零，即 $E_{AB}(T,T_0)=f(T_0)-f(T_0)=0$。

④ 当两个热电极材料确定以后，热电偶的热电势只与两端温度有关。若保持冷端温度 t_0 为定值，即 $f(T_0)=C$，则：

$$E_{AB}(T,T_0)=f(T)-C=\varphi(T)$$

此时热电偶的热电势只是测量冷端温度的函数了，这就是实际应用中，为什么要设法保持冷端温度恒定的原因。通常热电偶及其配套仪表都是在冷端温度保持 0℃时刻度的。

5.2.2 热电偶基本定律

(1) 中间导体定律

在热电偶回路中引入第三种导体，只要第三种导体两端的温度相同，则此第三种导体的引入不会影响热电偶的热电势。如图 5-5 所示。

实用价值：可在热电偶回路中接入连接导线和测量仪表［图 5-6(a)］；可采用分立的热电偶测量固态金属表面温度［图 5-6(b)］和液态金属温度［图 5-6(c)］。

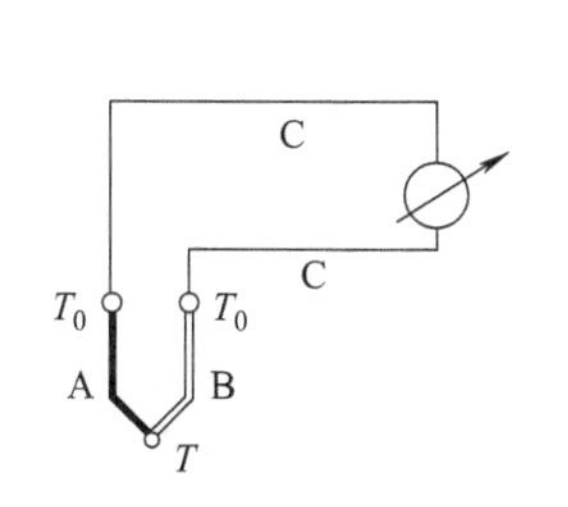

图 5-5　中间导体的热电偶回路

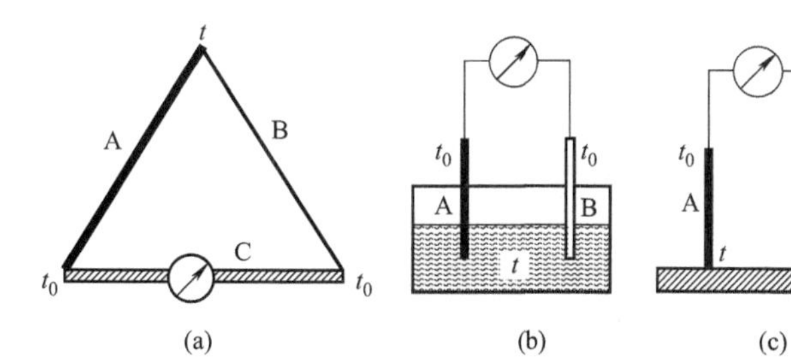

图 5-6　中间导体定律的应用

(2) 中间温度定律

热电偶 A、B 两接点温度为 T_0、T 时的热电势，等于该热电偶在接点温度为 T、T_C 和 T_C、T_0 时热电势的代数和，这就是中间温度定律，如图 5-7 所示。即：

$$E_{AB}(T,T_0)=E_{AB}(T,T_C)+E_{AB}(T_C,T_0) \tag{5-10}$$

根据这一定律，只要给出自由端为 0℃时的热电势和温度的关系，就可以求出冷端为任意温度 T_0 的热电偶热电势，即：

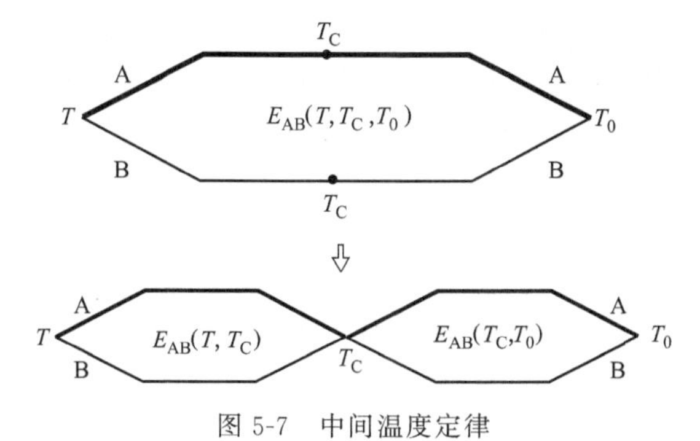

图 5-7　中间温度定律

$$E_{AB}(T,0)=E_{AB}(T,0)+E_{AB}(0,T_0)=E_{AB}(T,0)-E_{AB}(T_0,0) \tag{5-11}$$

实用价值：热电偶在使用时冷端温度恒定即可，不一定要求 0℃。

（3）标准电极定律

由三种材料成分不相同的热电极 A、B、C 分别组成三对热电偶，如图 5-8 所示，在相同点温度（T、T_0）下，如果热电极 A、B 分别与对标准热电极 C 组成的热电偶回路所产生的热电势已知，则由热电极 A、B 构成热电偶的热电动势可按下列公式求出：

$$E_{AB}(T,T_0)=E_{AC}(T,T_0)-E_{BC}(T,T_0) \tag{5-12}$$

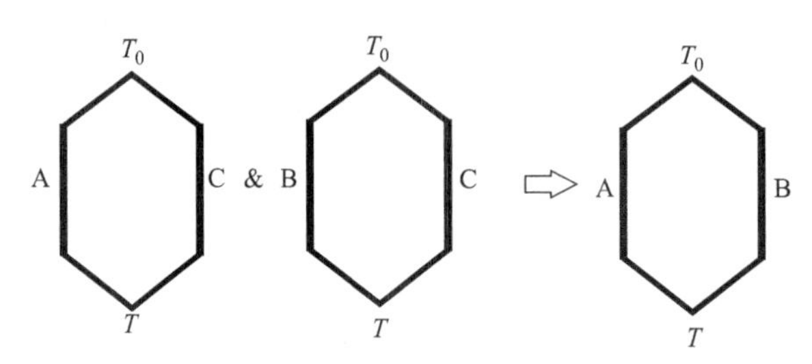

图 5-8 标准电极定律

标准电极 C 通常用纯铂丝制成。因为铂的物理和化学性能稳定、熔点高、易提纯。热电偶的两个热电极材料是根据需要进行选配的。由于采用了标准电极就大大地方便了这种选配工作，只要知道一些材料与标准电极相配的热电势值，就可以用标准电极定律求出其中任意两种材料配成热电偶后的热电势值。

5.2.3 热电偶的种类

（1）热电偶常用材料的要求

根据热电偶的测温原理，理论上任何两种导体均可配成热电偶，但因实际测温时对测量精度及使用等有一定要求，故对制造热电偶的热电极材料也有一定要求。除满足上述对温度传感器的一般要求外，还应注意如下要求。

① 在测温范围内，热电性质稳定，不随时间和被测介质变化，物理化学性能稳定，不易氧化或腐蚀。

② 电导率要高，并且电阻温度系数要小。

③ 它们组成的热电偶，热电势随温度的变化率要大，并且希望该变化率在测温范围内接近常数。

④ 材料的机械强度要高，复制性要好，复制工艺要简单，价格便宜。

完全满足上述条件要求的材料很难找到，故一般只根据被测温度的高低，选择适当的热电极材料。下面分别介绍国内生产的几种常用热电偶。它们又分为标准与非标准热电偶。标准热电偶是指国家标准规定了其热电势与温度的关系和允许误差，并有统一的标准分度表。

（2）标准热电偶种类

目前，国际上有 8 种标准化热电偶，类型及性能见表 5-1。国际上称之为“字母标志热电偶”，即其名称用专用字母表示，这个字母即热电偶型号标志，称为分度号，是各种类型热电偶的一种很方便的缩写形式。热电偶名称由热电极材料命名，正极写在前面，负极写在后面。下面简要介绍各种标准热电偶的性能和特点。

表 5-1　常用热电偶主要性能

热电偶名称	分度号(新)	主要性能	测温范围/℃	
			长期使用	短期使用
铂铑$_{10}$-铂	S	热电性能稳定，抗氧化性能好，适用于氧化性和中性气氛中测量，但热电势小，成本高	20～1300	1600
铂铑$_{30}$-铂铑$_{6}$	B	稳定性好，测量温度高，参比端在 0～100℃ 范围内可以不用补偿导线；适于氧化性气氛中的测温；热电势小，价格高	300～1600	1800
镍铬-镍硅	K	热电势大，线性好，适于在氧化性和中性气氛中测温，且价格便宜，是工业上使用最多的一种	－50～1000	1200
镍铬-康铜	E	热电势大，灵敏度高，价格便宜，中低温稳定性好。适用于氧化或弱还原性气氛中测温	－50～800	900
铁-康铜	J	测量精度高，稳定性好，低温时灵敏度高，价格最低。适用于氧化和还原性气氛中测温	－40～700	750
铜-康铜	T	低温时灵敏度高、稳定性好，价格便宜。适用于氧化和还原性气氛中测温	－40～300	350
镍铬硅-镍硅	N	抗氧化能力强，不受短程有序化的影响。不能在高温下用于硫、还原性或还原与氧化交替的气氛中，高温下不能用于真空中	－200～1200	1300
铂铑 13-铂	R	其性能和使用温度范围与 S 型热电偶基本相同，其热电动势比 S 型热电偶稍大，灵敏度也较高些	0～1300	1600

(3) 非标准热电偶种类

能满足一些特殊条件下测温的需要，如超高温、极低温、高真空或核辐射环境。非标准化热电偶有铂铑系、铱铑系、钨铼系及金铁热电偶、双铂钼等热电偶。

5.2.4　热电偶的结构

热电偶温度传感器广泛应用于工业生产过程的温度测量，具有多种结构形式。按用途可分为普通型热电偶、铠装热电偶和薄膜热电偶。

(1) 普通型热电偶

普通型热电偶主要用于测量气体、蒸汽、液体等介质的温度。由于使用的条件基本相似，所以这类热电偶已做成标准型，其基本组成部分大致是一样的。通常都是由热电极、绝缘材料、保护套管和接线盒等主要部分组成。普通的工业用热电偶结构如图 5-9 所示。

① 热电极　热电偶常以热电极材料种类来命名，其直径大小是由价格、机械强度、电导率以及热电偶的用途和测量范围等因素来决定的。热电偶工作端通常采用焊接方式形成。焊点的形式有点焊、对焊、绞状点焊等。

② 绝缘管　又称绝缘子，用来防止两根热电极短路，其材料的选用要根据使用的温度范围和对绝缘性能的要求而定，常用的是氧化铝和耐火陶瓷。它一般制成圆形，中间有孔，长度为 20mm，使用时根据热电极的长度，可多个串起来使用。

③ 保护套管　为使热电极与被测介质隔离，并使其免受化学侵蚀或机械损伤，热电极

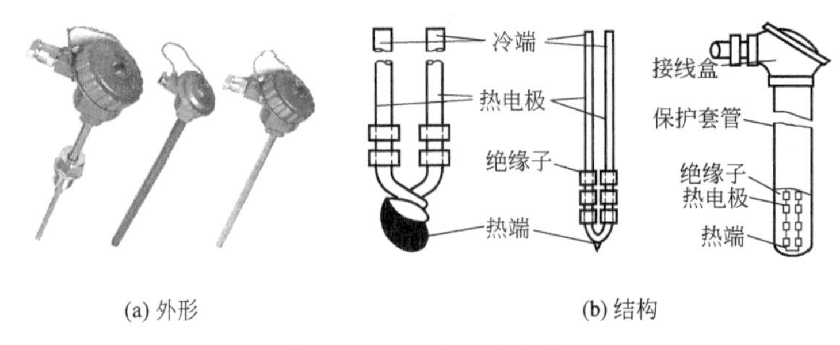

(a) 外形　　(b) 结构

图 5-9　普通热电偶结构

在套上绝缘管后再装入套管内。对保护套管的要求一方面要经久耐用，能耐温度急剧变化，耐腐蚀，不分解出对电极有害的气体，有良好的气密性及足够的机械强度；另一方面是传热良好；传导性能越好，热容量越小，能够改善电极对被测温度变化的响应速度。常用的材料有金属和非金属两类，应根据热电偶类型、测温范围和使用条件等因素来选择保护套管材料。

④ 接线盒　接线盒供热电偶与补偿导线连接用。接线盒固定在热电偶保护套管上，一般用铝合金制成，分普通式和防溅式（密封式）两类，为防止灰尘、水分及有害气体侵入保护套管内，接线盒出线孔和盖子均用垫片和垫圈加以密封，接线端子上注明热电极的正、负极性。

（2）特殊型热电偶

特殊型热电偶的种类繁多，目前比较常用的种类见表 5-2。

表 5-2　特殊型热电偶介绍

种类	外形	特点
铠装热电偶		体积小，热容量小，动态响应快；可挠性好，具有良好柔软性；强度高，耐压、耐震、耐冲击
薄膜型热电偶		测量端厚度约为几个微米左右，热容量小，响应速度快，便于敷贴。适用于测量微小面积上的瞬变温度
快速微型热电偶		一次性的专门用来测量钢水和其他熔融金属温度的热电偶

5.2.5 热电偶冷端温度补偿

由热电偶的测温原理可知，热电偶产生的热电势与热端和冷端的温度有关，且只有在冷端温度恒定的情况下，热电势才是温度的单值函数。但在使用时，热电偶的冷端受现场环境等因素的影响很难保持恒定不变，因此，必须采取相应的措施对其冷端进行处理。

(1) 补偿导线

① 补偿导线法的定义　热电偶由于受到热电极材料价格的限制不可能做得很长，而要冷端不受环境温度变化的影响，必须是冷端远离测量现场，通常采用补偿导线把热电偶的冷端延伸到温度比较稳定的控制室内，连接到仪表端子上。因而，热电偶与测量仪表之间的连接导线不是普通导线，而是补偿导线。

补偿导线实际上是一种专用的导线，它由两种不同导体材料构成，在一定温度范围内（0～100℃）与所连接的热电偶有相同或十分相近的热电性能。

利用补偿导线，可将热电偶的冷端延伸到温度比较稳定的场所，其实质相当于将热电极延长，如图 5-10 所示。只要保证热电偶和补偿导线的两个连接点处温度一致，就不会影响热电势的输出。

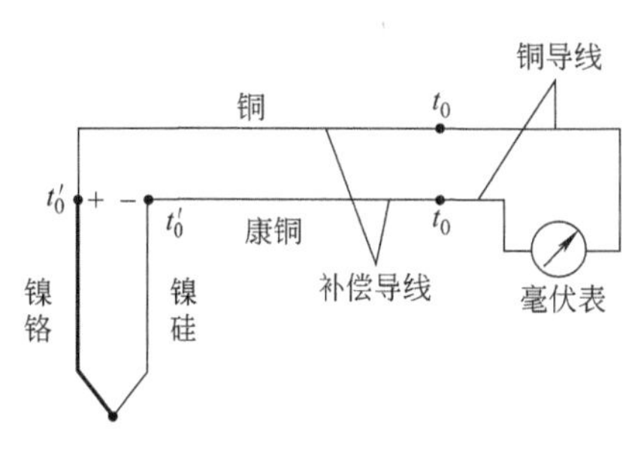

图 5-10　补偿导线连接示意图

热电偶补偿导线只起延伸热电极，使热电偶的冷端移动到控制室的仪表端子上的作用，它本身并不能消除冷端温度变化对测温的影响，不起补偿作用。因此，还需采用其他修正方法来补偿冷端温度 $t_0 \neq 0$℃时对测温的影响。

② 补偿导线的选择　常用热电偶的补偿导线如表 5-3 所示。

表 5-3　常用热电偶的补偿导线

补偿导线型号 I	配用热电偶	补偿导线材料		补偿导线绝缘层着色	
		正极	负极	正极	负极
SC	S	铜	铜镍合金	红色	绿色
KC	K	铜	铜镍合金		蓝色
KX	K	镍铬合金	镍硅合金		黑色
EX	E	镍铬合金	铜镍合金		棕色
JX	J	铁	铜镍合金		紫色
TX	T	铜	铜镍合金		白色

表 5-3 中补偿导线型号的头一个字母与配用热电偶的型号相对应；第二个字母“X”表示延伸型补偿导线（补偿导线的材料与热电偶电极的材料相同，常用于贵金属热电偶）；字母“C”表示补偿型补偿导线（补偿型补偿导线所用金属材料与热电极材料不同，适用于廉价金属热电偶）。在使用补偿导线时必须注意以下问题。

① 补偿导线只能在规定的温度范围内（一般 0～100℃）与热电偶的热电势相等或相近。

② 不同型号的热电偶有不同的补偿导线。

③ 热电偶和补偿导线的两个接点处要保持同温度。

④ 补偿导线有正、负极，需分别与热电偶的正、负极相连。

⑤ 补偿导线的作用只是延伸热电偶的参比端，当参比端 $t_0 \neq 0℃$ 时，还需进行其他补偿与修正。

（2）冷端温度补偿的方法

由于热电偶分度表是在热电偶冷端温度为0℃的条件下得到的，因此在使用时，应使冷端温度恒为0℃，否则将产生测量误差。然而，在实际使用中，热电偶的冷端是暴露在装置外的，受环境温度波动的影响，不可能保持恒定，更不可能保持在0℃。因此，必须采取措施，对热电偶的冷端温度的影响进行补偿。常用的方法有以下几种。

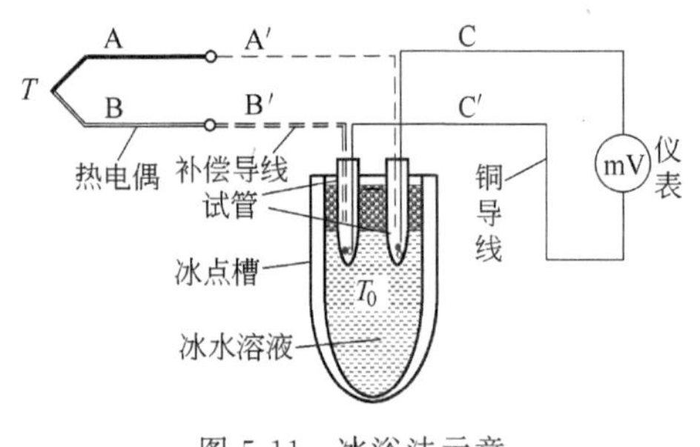

图 5-11 冰浴法示意

① 冰浴法 冰浴法是把热电偶的冷端置于冰水混合物的容器里，让冷端保持在0℃。如图5-11所示。这种方法是冷端温度补偿中补偿精度最高的一种方法，但在工业现场很难实现，因此，一般用于实验室。为了避免冰水导电引起两个连接点短路，必须把连接点分别置于两个玻璃试管里，浸入同一冰点槽，使之相互绝缘。

② 计算法修正法 采用补偿导线可以将热电偶的冷端延伸到温度 t_0 相对稳定且已知的场所，但此时 t_0 通常不为0℃。根据热电偶中间温度定律进行修正，可得热电势的计算校正公式：

$$E_{AB}(t,0)=E_{AB}(t,t_0)+E_{AB}(t_0,0) \tag{5-13}$$

式中，E_{AB}（t，0）为冷端温度为0℃、热端温度为 t 时的热电势；E_{AB}（t，t_0）为冷端温度为 t_0、热端温度为 t 时的热电势，即实测值；E_{AB}（t_0，0）为冷端温度为0℃、热端温度为 t_0 时的热电势。

通过式(5-13）的修正，冷端温度不为0℃所引入的误差得到补偿。按照 E_{AB}（t，0）值即可求出被测温度 t。

③ 仪表零位校正法 当热电偶冷端温度已知且比较恒定时，与之配用的显示仪表零点调整比较方便，则可采用此种方法实现冷端温度补偿。在显示仪表投运之前，调整仪表的机械零点机构，将机械零点直接调整至 t_0 处（调整时应断开热电偶回路），相当于把热电势的修正值 $E_{AB}(t_0,0)$ 预先加到显示仪表上。这种方法比较简单，但冷端温度频繁变化时不宜采用此种方法。

④ 补偿电桥法 利用不平衡电桥产生热电势，补偿热电偶因冷端温度变化而引起热电势的变化值，这种补偿电桥也称为冷端补偿器，如图5-12所示。

a. 补偿电桥的组成。补偿电桥串联在热电偶回路中，与热电偶的冷端处于温度 t_0 下。不平衡电桥由 R_1、R_2、R_3、R_{Cu} 四个桥臂和桥路电源组成。其中：桥臂电阻 R_1、R_2、R_3 为锰铜电阻，其阻值基本不随温度而变化；桥臂电阻 R_{Cu} 由铜丝绕制；R_s 为限流电阻，其阻值由配用的热电偶分度号决定；桥路的工作电压为4V DC。

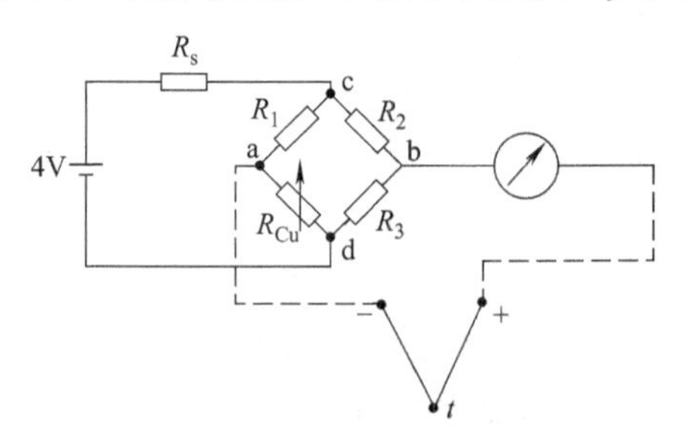

图 5-12 补偿电桥法示意图

b. 补偿电桥的设计。通常取 $t_0=20℃$ 时电桥平衡，即 $t_0=20℃$ 时 $R_1=R_2=R_3=R_{Cu}$，输出电压 $U_{ab}=0$。当 t_0 偏离20℃时，输出不平衡电压 U_{ab}，

此电压与热电势 $E_{AB}(t,t_0)$ 相叠加，一起送入测量仪表。适当选择桥臂电阻和电流的数值，使桥路输出电压 $U_{ab}=E_{AB}(t,t_0)$，正好补偿由于冷端温度 t_0 变化而引起的热电势的变化值，起到对冷端温度变化进行自动补偿的作用。当采用补偿电桥法时，应对其使用的仪表进行机械零点调整，将机械零点调整到桥路平衡时所在的温度处，即 20℃。

一般桥路平衡温度为 20℃的冷端补偿器适用于环境温度高于 20℃的场合，如环境温度较低，可采用 0℃时桥路平衡的补偿器产品。

⑤ 软件处理法　对于计算机系统，不必全靠硬件进行热电偶冷端处理。例如冷端温度恒定，但不为零的情况下，只要在采样后加一个与冷端温度对应的常数即可。对于 t_0 经常波动的情况，可利用热敏电阻或其他传感器把 t_0 输入计算机，按照运算公式设计一些程序，便能自动修正。

5.3　热电阻温度检测仪表介绍

热电阻温度计的工作原理

虽然热电偶测温仪表是比较成熟的温度检测仪表，但当被测温度在中、低温时，如 S 型热电偶，热电偶的热电势较小，受干扰影响明显，对显示仪表放大器和抗干扰措施均有较高要求，相应仪表维修困难；热电偶在低温区，热电势小，冷端温度变化引起的相对误差显得很突出，且不容易得到完全补偿，因此在 500℃以下测温，受到一定限制。

工业上常用电阻式测温仪表来测量－200～600℃之间的温度，在特殊情况下可测量极低或高达 1000℃的温度。电阻式测温仪表的特点是准确度高；在中、低温下（500℃以下）测量，输出信号比热电偶大得多，灵敏度高，而且不需要进行温度补偿；由于其输出也是电信号，便于实现信号的远传和多点切换测量。

5.3.1　工作原理

热电阻温度计是利用导体或半导体的电阻值随温度变化的性质测量温度的，它由热电阻、连接导线和显示仪表构成。热电阻是利用导体的电阻值随温度变化而改变的性质来工作的，用仪表测量出电阻的阻值变化，从而得到与电阻值对应的温度值。常采用电桥来测量电阻 R_t 的变化，并转化为电压输出。其原理如图 5-13 所示。

当温度处于测量下限时，设计桥路电阻，满足 $R_3R_t=R_2R_4$，此时电桥平衡，$\Delta U=0$，即

$$\Delta U=\frac{R_2}{R_t+R_2}\times E-\frac{R_3}{R_4+R_3}\times E=0 \tag{5-14}$$

当温度上升时，桥路失去平衡，设某一时刻电阻值变为 $R_t+\Delta R_t$，则在输出端开路时，有

$$\Delta U=\frac{R_2}{R_t+\Delta R_t+R_4}\times E-\frac{R_3}{R_3+R_4}\times E \tag{5-15}$$

根据 ΔU 可以知道 R_t 的变化，从而测量温度。电桥电源 E 为稳压电源，否则将引起测量误差。由于电桥有电流流过，连接导线和热电阻均会发热而引起附加温度误差，在设计和使用中要求这种误差不超过 0.2%。通常当流过热电阻 6mA 电流时，因发热会产生的误差约 0.1℃，一般选择流过热电阻的电流为 3mA。

5.3.2 测量线路

在实际应用中，由于热电阻温度传感器安装在现场，带有电桥的仪表如热电阻温度变速器、显示仪表或其他类型的信号转换器常安装于控制室，将热电阻引入电桥的连接导线需要经过现场到控制室之间较长的距离，连接导线的阻值 r_1 将随温度而变化，给仪表带来较大的温度附加误差。工业上常采用三线制接法，原理如图 5-14 所示。

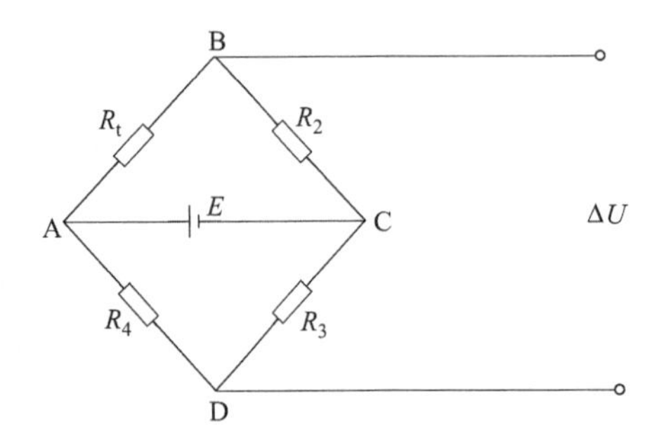

图 5-13 热电阻温度计的原理

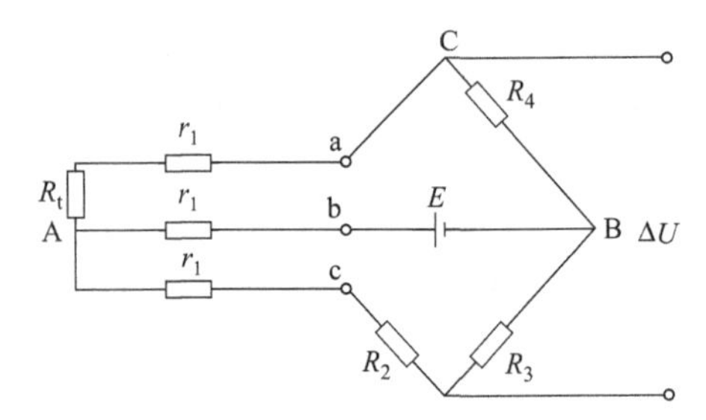

图 5-14 热电阻三线制连接

从热电阻接线盒处引出三根线，使导线电阻分别加在与电源相邻的两个桥臂 AC 和 AD 上以及供电线路上。r_1 变化对桥路电压的影响较小；因 r_1 的变化，影响式(5-16)，使得 R_t 和 R_2 同时等量变化，可以互相抵消一部分，从而减小因导线电阻变化对仪表读数的影响。

此时
$$\Delta U=\frac{R_4}{2r_1+\Delta R_t+R_4}\times E-\frac{R_3}{R_3+R_4+2r_1}\times E \tag{5-16}$$

但这种补偿是不完全的，连接导线的温度附加误差依然存在。但采用三线制接法，在环境温度为 0～50℃内使用时，能满足工程要求（温度附加误差可控制在 0.5%以内或更小）。

5.3.3 热电阻的种类

（1）热电阻材料的选择

虽然大多数金属导体的电阻值随温度变化而变化，但它们并不都能作为测温热电阻的材料。制作热电阻的材料一般应满足以下要求。

① 电阻温度系数 dR/dt 要大。电阻温度系数越大，热电阻灵敏度越高。一般材料的电阻温度系数并非常数，与 t 和 R 有关，并受杂质含量、电阻丝内应力影响。热电阻材料通常使用纯金属，并经退火处理消除内应力影响。

② 有较大的电阻率 ρ。电阻率大，则同样阻值的电阻体体积可以小一些，从而使热容量小，测温响应快。

③ 在整个温度范围内，应具有稳定的物理化学性质和良好的复现性。

④ 电阻值与温度关系最好呈线性，成为平滑曲线关系，以便刻度标尺分度和读数。

（2）标准热电阻的种类

热电阻大都由纯金属材料制成，目前应用最多的是铂和铜，此外，现在已开始采用镍、锰和铑等材料制造热电阻。金属热电阻常用的感温材料种类较多，最常用的是铂丝。工业测量用金属热电阻材料除铂丝外，还有铜、镍、铁、铁-镍等。表 5-4 列出了铜电阻和铂电阻的一些相关性能。

表 5-4　常用热电阻性能比较

	分度号	特点	适用场合	测量范围
铂电阻	Pt100、Pt10	稳定性好、准确度高、性能可靠。在高温还原性气体中易受污染	广泛应用于工业和实验室中	－200～850℃
铜电阻	Cu50、Cu100	电阻值与温度关系几乎呈线性，材料易提纯，价格较便宜。250℃以上容易氧化，故只能在低温及没有腐蚀的介质中应用	测量准确度要求不是很高，温度较低的场合	－50～150℃

① 铂电阻测温原理

工业用铂电阻的温度系数为 3.850×10^{-3}℃$^{-1}$，工作范围为－200～850℃，其在－200～0℃范围内

$$R(t)=R(0℃)[(1+At+Bt^2)+C(t-100℃)t^3] \tag{5-17}$$

在 0～850℃范围内

$$R(t)=R(0℃)(1+At+Bt^2) \tag{5-18}$$

式中，$R(t)$为温度 t℃时的电阻值；$R(0℃)$为温度为 0℃时的电阻值；A、B、C 为系数，$A=3.9083\times10^{-3}$℃$^{-1}$，$B=-5.775\times10^{-7}$℃$^{-2}$，$C=4.183\times10^{-12}$℃$^{-4}$。

铂的纯度以电阻 $R(100℃)/R(0℃)$来表示。一般工业用铂电阻温度计对纯度要求不少于 1.3851。目前我国常用的铂电阻有两种，分度号为 Pt100 和 Pt10，最常用的是 Pt100，$R(0℃)=100.00\Omega$。

② 铜电阻测温原理　铜电阻在 150℃以上易被氧化，氧化后失去良好的线性特性；另外铜的电阻率小（$\rho_{Cu}=0.017\Omega mm^2/m$），电阻丝一般较细，电阻体体积较大，机械强度低。

在－50～150℃范围内，铜电阻与温度之间关系为

$$R(t)=R(0℃)(1+\alpha_0 t) \tag{5-19}$$

式中，$R(t)$为温度 t℃时的电阻值；$R(0℃)$为温度为 0℃时的电阻值；α_0 为 0℃下铜电阻温度系数，$\alpha_0=4.28\times10^{-3}$℃$^{-1}$。

目前我国工业上用的铜电阻分度号为 Cu50 和 Cu100，其 $R(0℃)$分别为 50Ω 和 100Ω。铜电阻的电阻比 $R(100℃)/R(0℃)=1.428\pm0.002$。

5.3.4　热电阻的结构

（1）普通热电阻

热电阻温度计由热电阻、显示仪表和连接导线组成，热电阻由热电阻体、引出线、绝缘骨架、保护套管、接线盒等主要部件组成。具体结构见图 5-15。

① 绝缘骨架　绝缘骨架是缠绕、支撑和固定热电阻丝的支架，它的质量影响技术指标。目前常用的材料有云母、玻璃、石英、陶瓷、塑料。

② 热电阻体　用直径为 0.03～0.07mm 的铂丝，采用双线无感绕制法绕在锯齿形云母骨架上，两面再各加云母片绝缘，外面用铆钉及陶瓷卡件夹持而成。在装入保护套管时，云母骨架热电阻体的两面各绑一个半圆形的弹簧片，它的作用是把电阻体固定在保护套管中间，这样既可增加抗震及抗冲击性能，又可加强热传导，减小测温后的自热影响，它的使用温度为 500℃以下。

③ 引出线　由热电阻体至接线端子的连接导线称为引出线。引出线本身具有的电阻值，

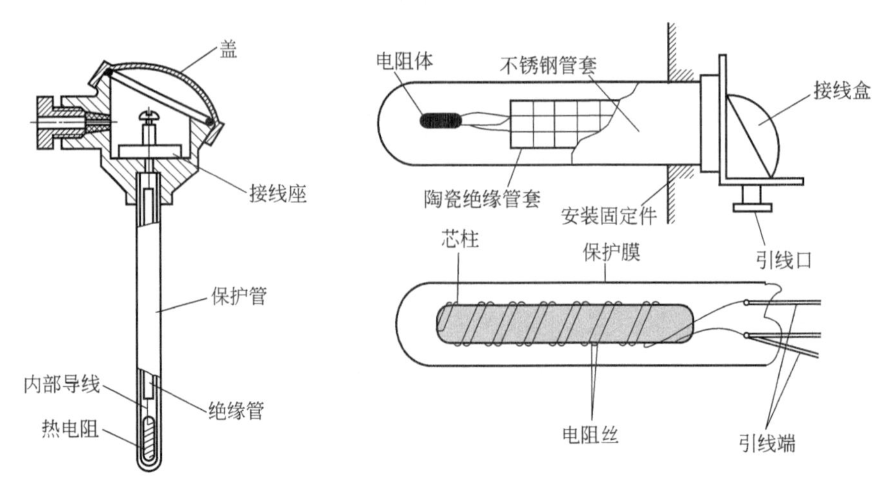

图 5-15　热电阻结构示意

也会影响测量精度。因此内引出线要选用纯度高，与电阻丝、接线端子之间产生的热电势小，而且在最高使用温度下不挥发、抗氧化、不变质的材料。工业用铂电阻用银丝作引出线，高温下用镍丝作引出线。铜和镍电阻可用铜丝和镍丝作引出线。引出线的直径比电阻丝的直径大得多，这样可减少引出线电阻。

（2）特殊热电阻

① 铠装热电阻　将电阻体（感温元件）焊到由金属保护套管、绝缘材料和金属导线三者拉伸而成的细管导线上，然后在外面再焊一段短管做保护套管，在热电阻体与保护套管之间填满绝缘材料，最后焊上封头。

其特点是尺寸小，响应速度快；力学性能好，耐震动和冲击；除感温元件外，其他部分可弯曲，适合复杂结构；不易侵蚀，寿命长。

② 薄膜热电阻　厚膜铂电阻是在一陶瓷基片上印制出条状铂膜形成的。由于铂膜很薄，又在陶瓷基片上，所以测温响应时间很小，约 0.1s。薄膜铂电阻则是利用真空镀膜的方法将铂镀在陶瓷基片上形成的，其形状和厚膜差不多，只是尺寸更小，响应时间更短。

5.4　644 温度变送器

温度变送器是一种将温度变量转换为可传送的标准化输出信号的仪表，而且其输出信号与温度变量之间有一给定的连续函数关系（通常为线性函数），早期生产的变送器其输出信号与温度传感器的电阻值（或电压值）之间呈线性函数关系，主要用于工业过程温度的测量和控制。

温度变送器的发展从早期的 DDZ-Ⅱ、DDZ-Ⅲ、DDZ-S 系列发展到小型智能型的变送器。输出（传输）方式由单一的标准（电）信号 0～10mA、4～20mA 向辅以现场总线方向发展，以适应数字化的接收和控制。随着数字控制技术和通信技术的发展和普及，变送器的输出方式将向数字化迈进。目前进口的国外的温度变送器有很多，主要有西门子横河、E＋H、ABB、霍尼韦尔、JUMO、罗斯蒙特等。国产的也有很多，例如中环、川仪、上润、虹润、昌辉等，需要根据现场工况来确定。

5.4.1 性能及特点

644H/644R温度变送器可以提高温度测量的精度/总体性能，安装更方便，灵活性更大，减少安装、维护和运行等的总体费用。644H/644R智能温度变送器，能满足各种关键测量点和非关键测量点的不同的温度测量要求。

（1）提高温度测量的总体性能

精度：可达0.03%；量程±0.15℃（以Pt100为例）。稳定性：热电阻和热电偶输入时，12个月内±0.1%读数或±0.1℃，以大者为准。具有变送器与传感器比对功能、匹配功能。提高抗干扰的能力，并大大缩短补偿导线的长度。均具有自动的冷端补偿功能，消除了热电偶的冷端温度变化带来的误差。

（2）安装更方便

使用644H/644R温度变送器后，所有的电缆均相同，为普通的铜导线；铺设铜电缆比铺设热电偶的补偿导线更容易；取消电缆布线避开电源的特殊规则。

（3）灵活性更大

用644H/644R温度变送器时，温度测量如其他过程测量（如压力、液位、流量）一样均是4～20mA DC信号，DCS可使用相同的I/O卡；温度输入可以与其他变送器的输入组合在一起，无需配置热电偶和热电阻的专用I/O卡。

（4）减少安装、维护和运行等的总体费用

铜电缆比热电偶的补偿导线更便宜；使用铜电缆，无需单独的电缆架和导线管，意味着安装费用更低；DCS的I/O卡类型相同，减少卡件数量和不使用的接线端子数量；智能型变送器有故障诊断功能，可检测和判断出是传感器故障还是过程报警，从而减少到现场维护的次数，这意味着很大的维修节约；更好的温度测量性能，可提高生产效率，意味着很大的生产节约。

5.4.2 外形及结构

644H是电子组件安装在传感上的连接壳内组成一体化或装于一个接线盒内远离传感器安装的智能温度变送器。644R是传感器通过补偿导线或铜导线连接至电子组件，而多台电子组件通过轨道密集安装的智能温度变送器。

图5-16分别为644H/644R智能温度变送器和电子组件外形结构。其电子组件主要由输入电路、微处理器、放大器、A/D、D/A等专用集成电路固化而成。

来自传感器的信号经放大和A/D转换后，由微处理器完成线性化、热电偶冷端温度补偿、数字通信、自诊断等功能。它输出的数字信号中包含了传感器的温度、温差及平均值。变送器内置瞬态保护器，以防回路引入的瞬变电流损坏仪表。当电路板产生故障或传感器的漂移超过允许值时，均能输出报警信号。变送器还具有热备份功能，当主传感器故障时，将自动切换到备份传感器，以保证仪表的可靠运行。

5.4.3 线路连接

644温度变送器其接线方式与普通二线制智能变送器的接线方法完全相同，见图5-17，使用时将智能手操器连接到线路中即可。但是温度变送器与热电阻和热电偶在连接时根据不

图 5-16　644H/644R 温度变送器和电子组件外形

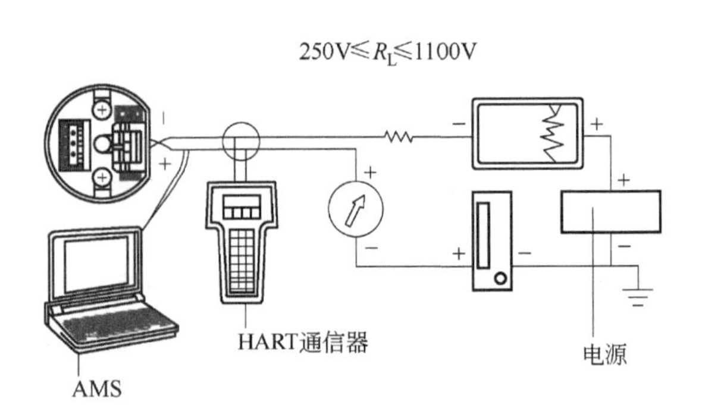

图 5-17　644 顶部安装变送器接线示意

同的测温元件，采用不同的线制连接，如二线制、三线制或四线制。具体情况见图 5-18。

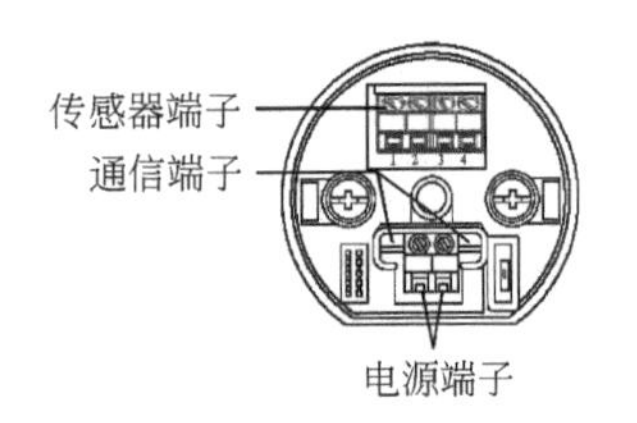

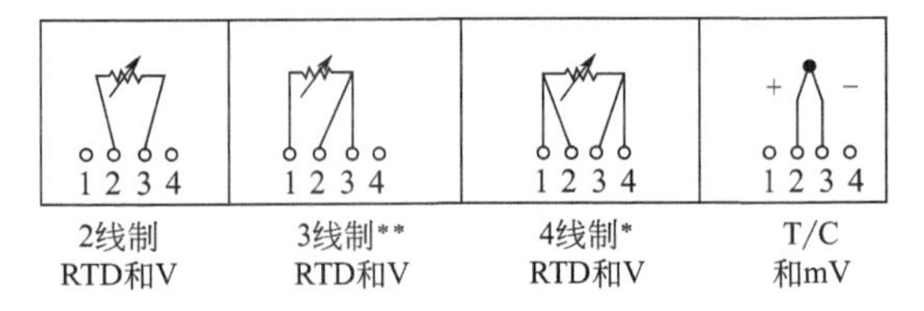

图 5-18　644 温度变送器传感器连接图

644 温度变送器的组态

5.4.4　组态

使用 475 HART 智能手持终端，按照表 5-5 要求对 644 智能温度变送器进行组态操作，连接手操器及 HART 475 开机方法见 2.5 智能手操器的使用。

表 5-5　644 温度变送器的 HART 475 通信器快捷指令序列表

功能	快捷键	功能	快捷键
Callendar-Van Dusen	1,3,2,1	比例数/模转换微调	1,2,2,3
Hart 输出	1,3,3,3	变量映射	1,3,1
LCD 显示选项	1,3,3,4	变量重新映射	1,3,1,5
LRV(范围下限值)	1,1,6	标牌	1,3,4,1
LSL(传感器下限值)	1,1,8	测量滤波	1,3,5
Num Req Preams	1,3,3,3,2	测试设备	1,2,1
PV 单位	1,3,3,1,4	传感器 1 设置	1,3,2,1,2
PV 阻尼	1,3,3,1,3	传感器 1 微调	1,2,2,1
URV(范围上限)	1,1,7	传感器 1 微调—工厂	1,2,2,1,2
USL(传感器上限)	1,1,9	传感器类型	1,3,2,1,1
百分比范围	1,1,5	传感器连接	1,3,2,1,1
报警/饱和	1,3,3,2	传感器序列号	1,3,2,1,4

续表

功能	快捷键	功能	快捷键
打开传感器闭锁	1,3,5,3	设备信息	1,3,4
端点温度	1,3,2,2,	数/模转换微调	1,2,2,2
范围值	1,3,3,1	双线偏移	1,3,2,1,2,1
回路测试	1,2,1,1	突发模式	1,3,3,3,3
活跃校准器	1,2,2,1,3	突发选项	1,3,3,3,4
间断性检测	1,3,5,4	消息	1,3,4,4
检查	1,4	写保护	1,2,3
校准	1,2,2	仪表配置	1,3,3,4,1
滤波 50/60Hz	1,3,5,1	仪表小数点	1,3,3,4,2
轮询地址	1,3,3,3,1	硬件版本	1,4,1
描述符	1,3,4,3	诊断与检修	1,2
模拟输出报警类型	1,3,3,2,1	状态	1,2,1,4
配置	1,3	阻尼值	1,1,10
日期	1,3,4,2	工艺变量	1,1
软件版本	1,4,1	工艺温度	1,1
设备输出配置	1,3,3		

任务 6

644 温度变送器的组态及校验

一、实验目的

① 熟悉和掌握变送器的结构及工作原理。

② 学会智能温度变送器的零点调整、量程调整、精度检验方法。

二、实验设备

① 644 温度变送器，精度 0.05 级。

② 精密电阻箱，精度 0.01 级。

③ 精密电流表，量程 0～25mA，精度 0.025 级。

④ 24V 直流稳压电源。

⑤ 精密电阻，250Ω。

三、实验步骤

1.接线

根据组态要求连接 644 温度变送器的二线制线路，并且采用三线制连接方法将表尾传感器端子与精密电阻箱连接好。

2.组态

电路连接完毕后，连接手操器 HART 475 并通电，手操器开机，根据表 5-6 的组态要求首先选择传感器及线制，然后设置位号、单位、量程、阻尼时间，具体操作快捷键见表 5-5。

表 5-6　644 温度变送器组态要求

传感器	线制	位号	单位	测量下限	测量上限	阻尼时间
Pt100,385	3 线	TIC-101	℃	0℃	100℃	2.0s

3. 调零

先用模拟输出微调的方法对变送器调零，若误差仍然超限，采用传感器调零的方法继续对变送器进行调零。

4. 校验

经过零点和满度调整的 EJA 差压变送器。可以采用 5 点校验法进行校验，校验的结果填入表 5-7 中。

四、数据处理

计算各点的绝对误差和变差，找出最大绝对误差和最大变差，均填入表 5-7 中。将最大绝对误差和最大变差与仪表的允许误差比较，若超过允许误差，则要继续调零的步骤，直到仪表的最大绝对误差和最大变差均小于仪表的允许误差，此时才满足要求。

表 5-7　644 温度变送器校验单

<table>
<tr><td>仪表名称</td><td></td><td>型号选项</td><td></td><td>模式</td><td></td></tr>
<tr><td>制造厂</td><td></td><td>精确度</td><td></td><td>出厂编号</td><td></td></tr>
<tr><td>输　入</td><td></td><td>允许误差</td><td></td><td>电源</td><td></td></tr>
<tr><td>输　出</td><td></td><td></td><td></td><td>出厂量程</td><td></td></tr>
<tr><td>标准表名称</td><td></td><td></td><td></td><td colspan="2"></td></tr>
<tr><td>标准表精度</td><td></td><td></td><td></td><td colspan="2"></td></tr>
<tr><td rowspan="2">测量点</td><td>0%</td><td>25%</td><td>50%</td><td>75%</td><td>100%</td></tr>
<tr><td>0℃</td><td>25℃</td><td>50℃</td><td>75℃</td><td>100℃</td></tr>
<tr><td>标准电阻值</td><td>100Ω</td><td>109.73Ω</td><td>119.40Ω</td><td>128.99Ω</td><td>138.51Ω</td></tr>
<tr><td>电流值</td><td>4mA</td><td>8mA</td><td>12mA</td><td>16mA</td><td>20mA</td></tr>
<tr><td>上行</td><td></td><td></td><td></td><td></td><td></td></tr>
<tr><td>$\Delta_{上}$</td><td></td><td></td><td></td><td></td><td></td></tr>
<tr><td>下行</td><td></td><td></td><td></td><td></td><td></td></tr>
<tr><td>$\Delta_{下}$</td><td></td><td></td><td></td><td></td><td></td></tr>
<tr><td>Δ'</td><td></td><td></td><td></td><td></td><td></td></tr>
<tr><td>$\Delta_{最大}$</td><td colspan="5"></td></tr>
<tr><td>$\Delta'_{最大}$</td><td colspan="5"></td></tr>
<tr><td>结论</td><td colspan="5"></td></tr>
<tr><td colspan="6">校验人：　　　　　　　　　　年　　　月　　　日</td></tr>
</table>

扩展内容

5.5 其他温度检测仪表

膨胀式温度计是利用物体受热膨胀原理制成的温度计，主要有液体膨胀式温度计、固体膨胀式温度计和压力式温度计三种。液体膨胀式温度计中最常见的是玻璃管式温度计。压力式温度计是利用密闭容积内工作介质的压力随温度变化的性质，通过测量工作介质的压力来判断温度值的一种机械式仪表。

5.5.1 膨胀式温度计

(1) 液体膨胀式温度计

基于液体的热胀冷缩特性来制造的温度计即液体膨胀式温度计，通常液体盛放于玻璃管之中，又称玻璃管液体温度计。由于液体的热膨胀系数远远大于玻璃的热膨胀系数，因此通过观察液体体积的变化即可知温度的变化。

① 组成及原理　玻璃管液体温度计由感温泡（也称玻璃温包）、工作液体、毛细管、刻度标尺及膨胀室（也称安全泡）等组成。如图 5-19 所示为常用棒式玻璃管液体温度计。当被测温度升高时，温包里的工作液体因膨胀而沿毛细管上升，根据刻度标尺可以读出被测介质的温度。为防止温度过高时液体膨胀胀破温度计，在毛细管顶部留一膨胀室。

② 种类　玻璃管液体温度计按工作液体不同可分为水银温度计、酒精温度计和甲苯温度计等。

水银作为工作液体，由于它不易氧化、不沾玻璃、易获得高纯度、熔点和沸点间隔大，能在很大温度范围内保持液态，特别是 200℃以下体积膨胀系数线性好，因此得到广泛应用。普通水银温度计测温范围在－30～300℃之间。若采用石英玻璃管，在水银上面空间充以一定压力的氮气，其测量上限可达 600℃，甚至更高。

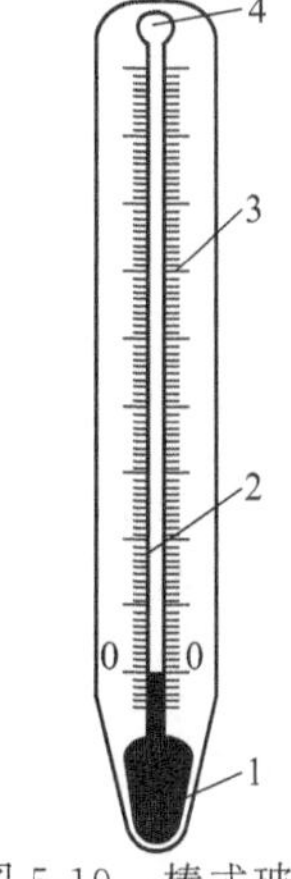

图 5-19　棒式玻璃管液体温度计
1—玻璃温包；
2—毛细管；
3—刻度标尺；
4—膨胀室

玻璃管液体温度计按用途可分为标准水银温度计、实验室用温度计和工业用温度计。标准水银温度计主要用于温度量值的传递和精密测量。实验室用温度计精度比标准水银法温度计要高，属于精密温度计，其分度值可达 0.1℃、0.2℃、0.5℃。工业用温度计一般做成内标尺式，其下部有直角的、90°角的、135°角的，通常在其外面罩有金属保护管。

③ 特点　玻璃管液体温度计读数直观、测量准确、结构简单、价格低廉，因此被广泛应用于实验室和工业生产各领域。其缺点是碰撞和振动易断裂、信号不能远传。

(2) 固体膨胀式温度计

基于固体受热体积膨胀的性质制成的温度计称为固体膨胀式温度计。工业中使用最多的是双金属温度计。

① 测量原理　双金属温度计的感温元件是用两片热膨胀系数不同的金属片叠焊在一起制成的。双金属片受热后由于热膨胀系数大的主动层

B形变大，而热膨胀系数小的被动层A形变小，造成双金属片向被动层A一侧弯曲，如图5-20所示。双金属温度计就是利用这一原理制成的。

② 结构　工业上广泛应用的双金属温度计如图5-21所示。其感温元件为直螺旋形双金属片，一端固定，另一端连在刻度盘指针的芯轴上。

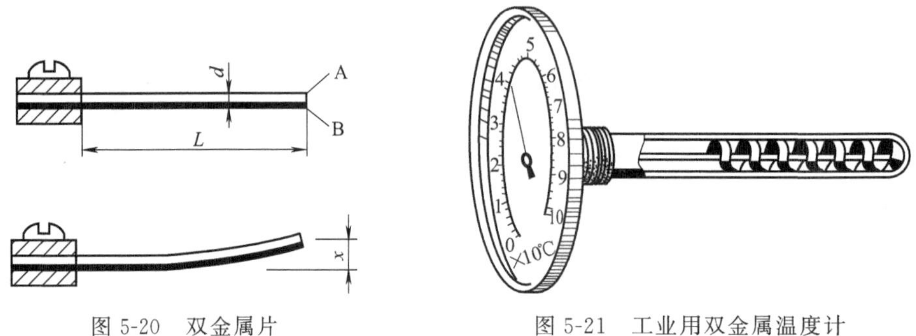

图5-20　双金属片　　图5-21　工业用双金属温度计

③ 特点　双金属温度计的感温双金属元件的形状有平面螺旋型和直线螺旋型两大类，其测温范围大致为－80～600℃，精度等级通常为1.5级左右。双金属温度计抗振性好，读数方便，但精度不太高，只能用做一般的工业用仪表。

(3) 压力式温度计

压力式温度计是根据一定质量的液体、气体、蒸汽在体积不变的条件下其压力与温度呈确定函数关系的原理实现其测温功能的。

① 结构及原理　压力式温度计主要由温包（感温元件）、毛细管、弹簧管等构成。如图5-22所示。毛细管连接温包和弹簧管，并传递压力，它是用铜或不锈钢冷拉而成的无缝圆管。弹簧管感测压力变化并指示出温度。

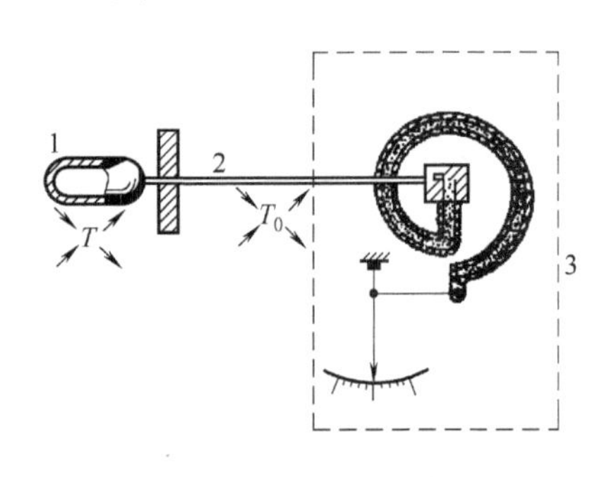

图5-22　压力式温度计结构
1—温包；2—毛细管；3—压力计

按照感温介质的不同，压力式温度计分为三类，即液体压力式温度计、气体压力式温度计和蒸汽压力式温度计。若给温包充以液体，如二甲苯、甲醇等，温包小些，测温范围分别为－40～200℃和－40～170℃；若给温包充以气体，如氮气，称为气体式压力式温度计，测温上限可达500℃，压力与温度的关系接近于线性，但是温包体积大，热惯性大；若给温包充以低沸点的液体，其饱和气压应随被测温度而变，如丙酮，用于50～200℃。但由于饱和气压和饱和气温呈非线性关系，故温度计刻度是不均匀的。

② 特点　压力式温度计使用时必须将温包全部浸入被测介质；毛细管最长不超过60m；仪表精度低，但使用简便，而且抗震动。

5.5.2 非接触式温度计

前面已经学习了热电偶、电阻式、膨胀式测温仪表，其测温元件与被测物体必须相接触才能测温，因此容易破坏被测对象的测温场，又由于传感器必须和被测物体处于相同温度，仪表的测温上限受到传感器材料熔点的限制。非接触式测温仪表不必与被测物体相接触就可方便地测出物体的温度，而且响应速度快。工业上常用的是光学高温计和利用辐射测温原理制成的辐射式温度计等。

（1）光学高温计

光学高温计主要由光学系统和电测系统两部分组成，其原理如图 5-23 所示。图中上半部为光学系统。物镜 1 和目镜 4 都可沿轴向移动，调节目镜的位置，可清晰地看到灯丝。调节物镜的位置，能使被测物体清晰地成像在灯丝平面上，以便比较二者的亮度。在目镜与观察孔之间置有红色滤光片 5，测量时移入视场，使所利用的光谱的有效波长 λ 约为 $0.66\mu m$，以保证满足单色测温条件。图中下半部为电测系统。温度灯泡 3 和滑线电阻 7，按钮开关 S 和电源 E 相串联。毫伏表 6 用来测量不同亮度时灯丝两端的电压降，其指示值则以温度刻度表示。调整滑线电阻 7 可以调整流过灯丝的电流，也就调整了灯丝的亮度。一定的电流对应灯丝一定的亮度，因而也就对应一定的温度。

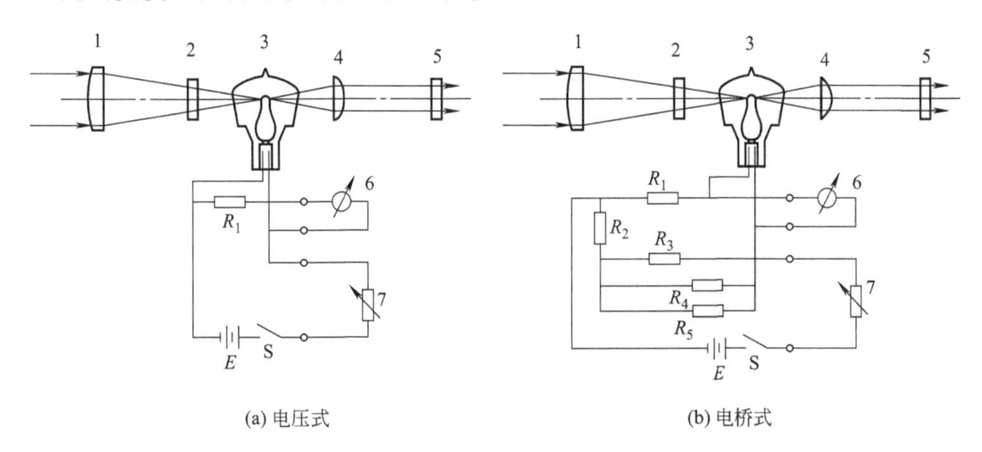

图 5-23　光学高温计原理

1—物镜；2—吸收玻璃；3—温度灯泡；4—目镜；
5—红色滤光片；6—毫伏表；7—滑线电阻

（2）辐射式温度计

辐射式温度计的工作原理基于四次方定律。图 5-24 为辐射式温度计的工作原理。被测物体的辐射线由物镜聚焦在受热板上，受热板是一种人造黑体，通常为涂黑的铂片，当吸收辐射能以后其温度升高，温度可由接在受热板上的热电偶或热电阻测出。通常被测物体是比辐射率 $\varepsilon<1$ 的灰体，如果以黑体辐射作为基准标定刻度，那么知道了被测物体的 ε 值，则可求得被测物体的温度。即，根据灰体辐射的总能量全部被黑体所吸收时，它们的能量相等，但温度不同，可得

$$\varepsilon\sigma T^4=\sigma T_0^4 \tag{5-20}$$

$$T=\frac{T_0}{\sqrt[4]{\varepsilon}} \tag{5-21}$$

式中　T——被测物体温度；

T_0——传感器测得的温度；

σ——斯芯藩-玻尔茨曼常数，$\sigma=5.67\times10^{-8}\mathrm{W\cdot m^{-2}\cdot K^{-4}}$；

ε——比辐射率（非黑体辐射度/黑体辐射度）。

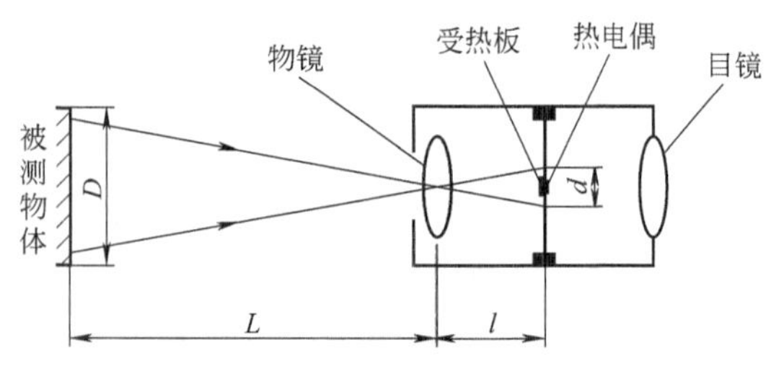

图 5-24　辐射式温度计的工作原理

5-1　什么是温标，常用温标有哪几种？现在执行的是哪种国际实用温标？各温标之间的转换关系如何？

5-2　玻璃管液体温度计为什么常选用水银作工作液？怎样提高其测量上限？

5-3　什么是热电效应？热电偶测温回路的热电势由哪两部分组成？

5-4　已知分度号为 S 的热电偶冷端温度为 $t_0=20℃$，现测得热电势为 11.710mV，求热端温度为多少度？

5-5　已知分度号为 K 的热电偶热端温度 t-800C，冷端温度为 $t_0=30℃$，求回路实际总电势。

5-6　列表比较说明 8 种标准热电偶的名称、分度号、正负极材料、常用测温范围、使用环境和特点。

5-7　热电偶温度传感器主要由哪些部分组成？各部分起什么作用？

5-8　什么是铠装热电偶？它有哪些特点？

5-9　在用热电偶测温时为什么要进行冷端温度补偿？

5-10　补偿导线有哪两种？怎样鉴别补偿导线的极性？使用补偿导线需注意什么问题？

5-11　现用一只镍铬-康铜热电偶测温，其冷端温度为 30℃，动圈仪表（未调机械零位）指示 450℃。则认为热端温度为 480℃，对不对？为什么？若不对，正确温度值应为多少？

5-12　644 温度变送器在进行校验时的接线方法是什么？

5-13　644 温度变送器的组态内容及快捷键是什么？

5-14　测温系统如图 5-25 所示。请说出这是工业上用的哪种温度计？已知热电偶为 K，但错用与 E 配套的显示仪表，当仪表指示为 160℃时，请计算实际温度 t_x 为多少度？（室温为 25℃）

5-15　分度号为 K 型的热电偶，误配用 E 型的补偿导线，接配在 K 型的电子电位差计（温度显示仪表）上，如图 5-26 所示。电子电位差计的读数为 650℃，问所测的实际温度为多少？已知：$E_K(20,0)=0.798\text{mV}$，$E_K(40,0)=1.612\text{mV}$，$E_K(600,0)=24.905\text{mV}$，$E_K(650,0)=27.025\text{mV}$，$E_E(20,0)=1.192\text{mV}$，$E_E(40,0)=2.420\text{mV}$。（小数点后保留一位有效数字）

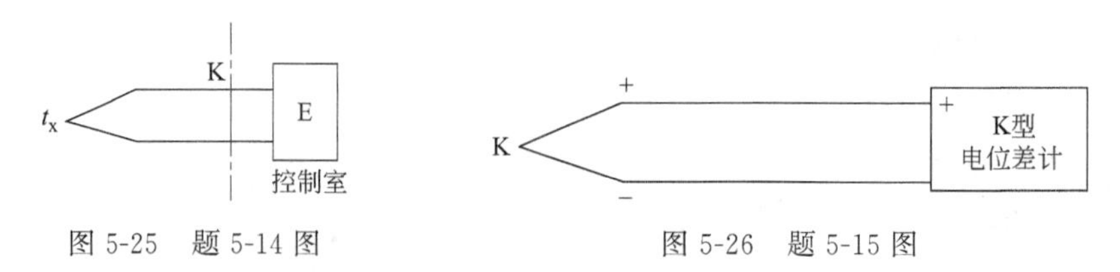

图 5-25　题 5-14 图　　　图 5-26　题 5-15 图

项目六

成分检测仪表的认识及使用

分析仪表是对物质的成分及性质进行分析和测量的仪表。在现代工业生产过程中，必须对生产过程的原料、成品、半成品的化学成分（比如水分含量、氧分含量）、密度、pH 值、电导率等进行自动检测并参与自动控制，以达到优质高产、降低能源消耗和产品成本，确保安全生产和保护环境的目的。

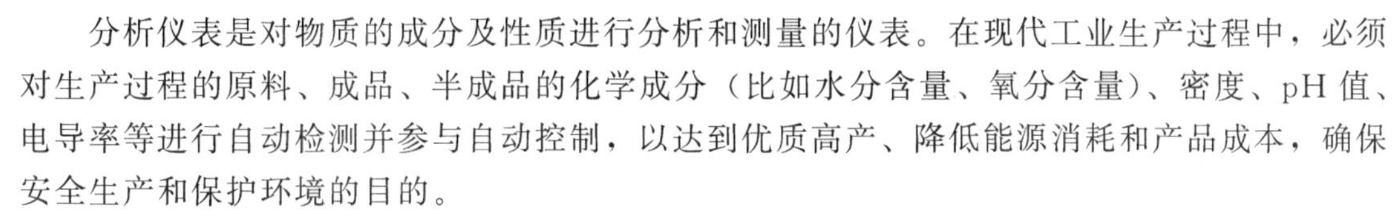

在线分析仪表广泛应用于工业生产的实时分析和环境质量及污染排放的连续监测。国内早期的在线分析仪表起步于 20 世纪 50 年代，应用于 60 年代，因许多仪表受制于现场人文环境和物理环境，不便于人长期观察，而测量数据又很重要，必须取得间隙数据和不间断数据，所以就想到了现场数据信号的传输，于是便诞生了在线分析仪仪表。在线分析仪表是从在线仪器逐步分化出来的，到如今，它依然是仪表中的一路旁支。

任务描述

石化企业中所使用的分析仪表主要用于生产中的物料组分的定性和定量分析，针对石化企业里常见的成分检测仪表了解其结构、原理及适用场合，并学会其中功能最强大的气象色谱分析仪的使用方法。

必备知识

6.1 成分检测仪表概述

在线分析仪表（on-line analyzers），又称过程分析仪表（process analyzers），或质量监测仪表（quality monitoring instrument），是指直接安装在工业生产流程或其他源液体现场，对被测介质的组成或物性参数进行自动连续测量的仪器。随着国内实验室分析仪仪器化程度的不断提高，特别是工业化应用程序较高的现代企业实验室，实验室分析实际上已经涵盖了大部分在线分析仪表，只是许多分析仪表缺少信号输出且在取样频率上无法做到在线分析仪表的即时化管理模式，也就是说：实验室分析仪只要有 4～20mA 输出电路板，改进进样模式，安装好接收终端，它就变成了在线分析仪。国产第一台在线分析仪是 20 世纪 60 年代生产的属于热工仪表的红外烟道分析仪。

6.1.1 分析仪表的构成

分析的方法有两种类型：一种是定期采样并通过实验室测定的实验分析方法（这种方法所用到的仪表称为实验室分析仪表或离线分析仪表）；另一种是利用仪表连续测定被测物质的含量或性质的自动分析方法（这种方法所用到的仪表称为过程分析仪表或在线分析仪表）。分析仪表基于多种测量原理，在进行分析测量时，需要根据被测物质的物理或化学特性来选择适当的检测手段和仪表。

通常在线分析仪表（一般安装在分析小屋或专门的保护装置中）和样品（有气体、液体、固体）、预处理装置（一般安装在取样点附近）共同组成一个在线测量系统，以保证良好的环境适应性和高可靠性，其典型的基本组成如图 6-1 所示。

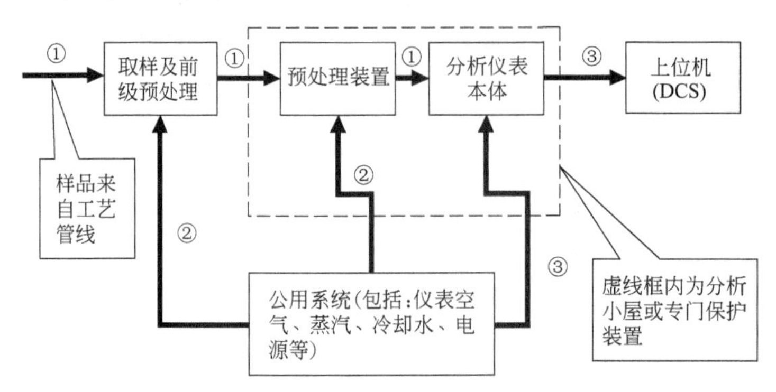

图 6-1 在线分析仪表的基本组成

①—样品管线；②—仪表空气、蒸汽、冷却水、管线；③—电源、信号线

6.1.2 分析仪表的种类

按测定方法分有光学分析仪器、电化学分析仪器、色谱分析仪器、物性分析仪器、热分析仪器等。

按被测介质的相态分有气体分析仪和液体分析仪。

其中气体分析仪包括红外线分析仪，热导式气体分析仪（氢表、氩表），氧化锆、磁力机械氧分析仪，热磁式氧分析仪，磁压式氧分析仪，激光烟气分析仪，折射仪，硫比值分析仪，微量水、微量氧、CEMS 烟气分析仪，烃分析仪，色谱分析仪，质谱分析仪及拉曼光谱分析仪等。

液体分析仪主要是常见的水分析仪表，包括 pH 计，电导仪，浊度计，氨氮分析仪，水中油、余氯分析仪等。

以上分类方法不是绝对的，比如电容式微量水分仪既可以测量气体中的微量水分又可以处理液体中的微量水分。但是习惯上把它归在气体分析仪表中。

6.1.3 在线分析仪表的主要性能指标

在线分析仪表的性能指标含义广泛，但大体上可以分成两类。

一类性能指标与仪器的工作范围和工作条件有关。工作范围主要是指测量对象、测量范围等；工作条件包括环境条件、样品条件、供电供气要求，仪表的防爆性能和防护等级等。

另一类性能指标与仪器的分析信号，即仪器的响应值有关。这类指标主要有灵敏度、检出限、重复性、精密度、准确度、分辨率、稳定性、线性范围、线性度等。

检出限（limitofdetection）是指能产生一个确证在样品中存在被测物质的分析信号所需的该物质的最小含量或最小浓度，是表征和评价分仪器检测能力的基本指标。

重复性（repeatability）又称重复性误差。重复性误差是指仪器在操作条件不变的情况下，多次分析结果之间的偏差。

精密度是指多次重复测定同一量时各次测定值之间彼此相符合的程度，表示测定过程中随机误差的大小，一般用标准偏差表征。

准确度（accuracy）是指在一定测量条件下，多次测定的平均值与真值相符合的程度，表示仪器的指示值接近真值的能力。仪器的准确度又称精确度，简称精度。

分辨率（resolution）又称分辨力或分辨能力，是指仪器能区分开最邻近示量值的能力。

稳定性是指在规定的工作条件下，仪器保持其计量特性不变的能力。分析仪器的稳定性，主要是指分析仪器响应值随时间的变化特性。稳定性可用噪声和漂移来表征。

线性范围是指校正曲线所跨越的最大线性区间，用来表示对被测组分含量或浓度的适应性。仪器的线性范围越宽越好。

线性度又称线性度误差或非线性误差，一般是指仪表的输出曲线与相应直线之间的最大偏差，用该偏差与仪器量程的百分数表示。

6.2　热导式气体分析仪

热导式气体分析仪是一种物理式分析仪表，用来分析混合气体中某一组分（称待测组分）的百分含量。热导式气体分析仪是最早的工业在线分析仪表。第一台热导式气体分析仪于1904年出现在德国，但真正作为比较完备的仪器来使用，是1921年谢开斯波尔（shakaspear）用热导检测器（又称热导池）测定混合气体的热导率开始的，当时称为“长它计”（catharameter）。随着科学技术的进步，尤其是微电子工业的迅猛发展，热导式气体分析仪无论在结构上，还是在性能上都日臻完善。由于热导式气体分析仪具有结构相对简单、性能稳定、价格便宜、易于在生产流程上进行在线连续检测的特点，因此各种结构不同、性能各异、具有不同特色的热导式气体分析仪被广泛地应用在化工、石油、轻工、冶金、电站等行业以及环保大气监测部门。同时，由于热导池有其独到之处，常被用来作为新型仪器仪表的重要附件或部件，如作为一种基本检测器被广泛地应用在实验室色谱仪和工业色谱仪中。

6.2.1　工作原理

物理学给热传导下的定义是这样的：内能由物体的一部分传递给另一部分，或者从一个物体传递给另一个物体，而同时并没有发生物质的迁移，这种过程叫做传导，也称为热传导。从分子运动论的观点来看，这种传导方式实质上是物质的分子在相互碰撞中传递动能的过程。物体较热部分的分子具有较大的平均动能，这些分子在运动中由于碰撞而把本身一部分动能传递给了较冷部分的分子，这样，剧烈的分子运动就在物体中传播开来，最终使各部分温度趋于平衡。

物质的导热能力以热导率 λ 来表示，物质传导热量的关系可用傅里叶定律来描述。在

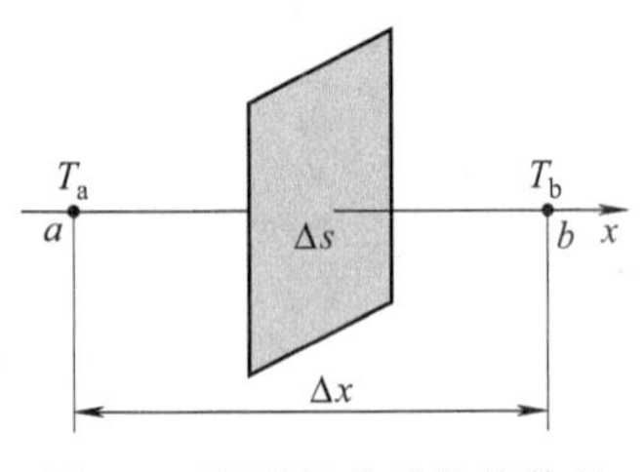

图 6-2 温度场介质的热传导

某物质内部存在温差，设温度沿 ax 方向逐渐降低。在 ax 方向取两点 a 和 b，其间距为 Δx，T_a、T_b 分别为 a、b 两点的绝对温度，把沿 ax 方向温度的变化率叫做 a 点沿 ax 方向的温度梯度。在 a、b 之间与 ax 垂直方向取一个小面积 Δs，如图 6-2 所示。通过实验可知，在 Δt 时间内，从高温处 a 点通过小面积 Δs 的传热量，与时间 Δt 和温度梯度 $\Delta T/\Delta x$ 成正比，同时还与物质的性质有关系。用方程式表示为：

$$\Delta Q=-\lambda\frac{\Delta T}{\Delta x}\Delta s\Delta t$$

$$Q\longrightarrow$$

$$\longleftarrow\frac{\Delta T}{\Delta x}\tag{6-1}$$

传热量与有关参数的关系称为傅里叶定律。式中的负号表示热量向着温度降低的方向传递，比例系数称为传热介质的热导率（也称导热系数）。

热导率是物质的重要物理性质之一，它表征物质传导热量的能力。不同的物质其热导率也不同，而且随其组分、压强、密度、温度和湿度的变化而变化。

由式(6-1) 得

$$\lambda=\frac{\Delta Q}{\frac{\Delta T}{\Delta x}\Delta s\Delta t}\tag{6-2}$$

如果 $\Delta s=1\text{cm}^2$，$\Delta t=1\text{s}$，$\Delta T/\Delta x=1℃/\text{cm}$，则 $\lambda=\Delta Q$，那么 λ 的单位为 W/(m·K)。

各种气体在相同的条件下有不同的热导率，而且气体的热导率随温度的变化而变化，其关系为

$$\lambda_t=\lambda_0(1+\beta t)\tag{6-3}$$

式中 t——气体的温度，℃；

β——热导率温度系数；

λ_0——0℃时气体的热导率；

λ_t——t 时气体的热导率。

气体的热导率随温度变化而变化，这个概念很重要，在计算气体热导率时应取介质的平均温度。气体的热导率也随压力的变化而变化，因为气体在不同压力下密度也不同，必然导致热导率不同。不过一般在常压或压力变化不大时的热导率的变化并不明显。

气体热导率的绝对值很小，而且基本在同一数量级内，彼此相差并不悬殊，因此工程上通常采用“相对热导率”这一概念。所谓相对热导率（也称相对导热系数），是指各种气体的热导率与相同条件下空气热导率的比值，λ_0、λ_{A0} 分别表示在 0℃时某气体和空气的热导率。表 6-1 列出了各种气体在 0℃时的热导率 λ_0 和相对热导率 λ_0/λ_{A0} 及热导率温度系数 β。

表 6-1　常见气体在 0℃ 时的热导率、相对热导率及热导率温度系数

气体名称	$\lambda_0 \times 10^{-5}$ /[cal/(cm·s·℃)]	λ_0/λ_{A0} 空气(0℃)	λ_0/λ_{A0} 空气(100℃)	热导率温度系数 β(0～100℃)/℃$^{-1}\times10^{-5}$
空气	2.43	1.00	1.00	0.0028
H_2	17.33	7.15	7.10	0.0027
N_2	2.42	0.996	0.996	0.0028
O_2	2.45	1.013	1.014	0.0028
Ar	1.63	0.684	0.696	0.0030
Cl_2	1.88	0.328	0.370	—
H_2O	—	—	0.775	—
NH_3	2.17	0.89	1.04	0.0048
CO	2.35	0.96	0.962	0.0028
CO_2	1.46	0.605	0.7	0.0048
SO_2	1.00	0.538	—	—
CH_4	3.00	0.777	0.9	0.0048

工程上遇到的气体多数是混合气体，组成混合气体的各个成分叫做组分，每个组分都有各自的热导率，混合气体总的热导率与各组分含量及其热导率的关系则变得极为复杂。对彼此间不起化学反应的多组分混合气体的热导率可近似地认为是各组分热导率的算术平均值。

$$\lambda = \lambda_1 C_1 + \lambda_2 C_2 + \cdots + \lambda_n C_n = \sum_{i=1}^{n} \lambda_i C_i \tag{6-4}$$

式中　λ——混合气体的热导率；

λ_i——混合气体中第 i 种组分的热导率；

C_i——混合气体中第 i 种组分的百分含量。

设待测组分为 $i=1$，它的热导率为 λ_1，其余组分 $i=2, 3, 4, \cdots, n$ 为背景组分，它们的热导率分别为 λ_2，λ_3，λ_4，…，λ_n，并当 $\lambda_2 \approx \lambda_3 \approx \lambda_4 \approx \cdots \approx \lambda_n$ 时，因为 $C_1 + C_2 + C_3 + C_4 + \cdots + C_n = 100\% = 1$，则式(6-4) 可写成：

$$\lambda \approx \lambda_1 C_1 + \lambda_2 (C_2 + C_3 + C_4 + \cdots + C_n) \approx \lambda_1 C_1 + \lambda_2 (1 - C_1) = \lambda_2 + (\lambda_1 - \lambda_2) C_1$$

所以：

$$C_1 = \frac{\lambda - \lambda_2}{\lambda_1 - \lambda_2} \tag{6-5}$$

式(6-5) 说明，当混合气体的组分已知时，测得混合气体的热导率就可以求得待测组分的百分含量。式(6-5) 的成立是建立在背景组分热导率近似相等，即 $\lambda_2 \approx \lambda_3 \approx \lambda_4 \approx \cdots \approx \lambda_n$ 的假设上的，可见这种分析方法将受到背景组分的性质和稳定情况的限制。

能够使用热导式气体分析仪进行测量的混合气体需要满足以下两个条件。

① 混合气体除待测组分外，其余各背景组分的热导率必须近似相等或十分相近，即 $\lambda_2 \approx \lambda_3 \approx \lambda_4 \approx \cdots \approx \lambda_n$，只有这样，混合气体的热导率才只随待测组分浓度的变化而变化，而不受背景组分浓度变化的影响。

② 待测组分的热导率与其余各背景组分的热导率要有显著的差别，即 $\lambda_1 \gg \lambda_2$ 或 $\lambda_1 \ll$

λ_2，其差别越大，测量越灵敏。

下面通过两个实例，来讨论热导式气体分析仪的应用。

【例 6-1】 已知合成氨生产中，进合成塔原料气的组成及大致浓度范围如表 6-2 所示。欲分析该混合气体中 H_2 的浓度，试判断可否使用热导式气体分析仪。

表 6-2 合成氨生产中进合成塔原料气的组成及大致浓度范围

组分	浓度范围/%	组分	浓度范围/%
H_2	70～74	CH_4	0.8
N_2	23～24	Ar	0.2
O_2	<0.5	CO，CO_2	微量

解：查表 6-1 得知上述各气体的相对热导率如表 6-3 所示。

表 6-3 表 6-2 中各气体的相对热导率

组分	相对热导率	组分	相对热导率
H_2	7.15	CH_4	1.013
N_2	0.996	Ar	1.25
O_2	0.696		

可以看出，H_2 的热导率远远大于背景气中各组分的热导率，满足上述第②个条件。背景气中 O_2 和 N_2 的热导率比较接近，Ar 和 CH_4 的热导率虽然与 N_2、O_2 的热导率不十分相近，但其含量甚微，可以不考虑它们对测量结果的影响，基本满足上述第①个条件。因此，使用热导式气体分析仪来分析进合成塔原料气中 H_2 的浓度能得到满意的结果。

【例 6-2】 试判断由表 6-4 所列组分组成的混合气体能否使用热导式气体分析仪来分析 CO_2 的含量。

表 6-4 混合气体的组分及其浓度范围

组分	浓度范围/%	组分	浓度范围/%
N_2	78	Ar	0.25
CO_2	18	O_2	1.7
CO	0.45	SO_2	2.0

解：按题目要求，可把气体组分划分为两组，以待测组分 CO_2 为一组，其余的背景组分为另一组。查表 6-1 得各组分的相对热导率如表 6-5 所示。

表 6-5 表 6-4 中各气体的相对热导率

组分	相对热导率	组分	相对热导率
待测组分 CO_2	0.603	CO	0.96
背景组分 N_2	0.996	Ar	0.696
O_2	1.013	SO_2	0.35

很明显，在背景组分中除 SO_2 和 Ar 以外，其余三种组分的热导率都比较相近，且与待

测组分 CO_2 的热导率有明显差异，符合上述两个条件。SO_2 和 Ar 的热导率与 CO_2 的热导率相近，其中 Ar 的含量很少，可以不予考虑，但 SO_2 的存在对 CO_2 分析的准确性将会有明显的影响，这种情况称 SO_2 为干扰组分。很明显，由于干扰组分的存在，不宜采用热导式气体分析仪，但根据本题的条件，SO_2 的含量不是很高，如果把 SO_2 除去，对其他组分的百分含量影响不大。所以，若能在进分析仪表前对混合气体做必要的处理，设法除去 SO_2 这个干扰组分，则仍可使用热导式气体分析仪来分析 CO_2 含量。

以上两例说明，只要混合气体能够满足或经过处理后能够满足上述两个条件，就可以采用热导式气体分析仪来分析其中某一组分的百分含量。

此外，热导率的测量条件也是一个不容忽视的问题。例如分析空气中 CO_2 的含量，在 0℃时 CO_2 的相对热导率 $\frac{\lambda_{CO_2}}{\lambda_{A0}}=0.693$，100℃时为 0.7，到 325℃时为 1，此时 CO_2 和空气的热导率已趋于相等，无法测出 CO_2 的含量。可见，当检测元件的温度太高时，它的分析灵敏度将明显降低，为了使混合气体的热导率与待测组分的浓度保证有确定的关系，就必须保证分析仪有一个适宜的工作温度。如分析 CO_2 的热导式气体分析仪的工作温度一般≤100～120℃。

6.2.2 检测器——热导池

（1）热导池工作原理

从以上讨论的分析原理知道，热导式气体分析仪是通过测量混合气体热导率的变化量来实现分析被测组分浓度的。由于气体的热导率很小，而它的变化量则更小，所以很难用直接的方法准确地测量出来。工业上多采用间接的方法，即通过热导检测器（又称热导池），把混合气体热导率的变化转化为热敏元件电阻的变化，电阻值的变化是比较容易精确测量出来的。这样，通过对热敏元件电阻的测量便可得知混合气体热导率的变化量，进而分析出被测组分的浓度。

图 6-3 为热导池工作原理示意图，把一根电阻率较大的而且温度系数也较大的电阻丝，张紧悬吊在一个导热性能良好的圆筒形金属壳体的中心，在壳体的两端有气体的进出口，圆筒内充满待测气体，电阻丝上通以恒定的电流加热。

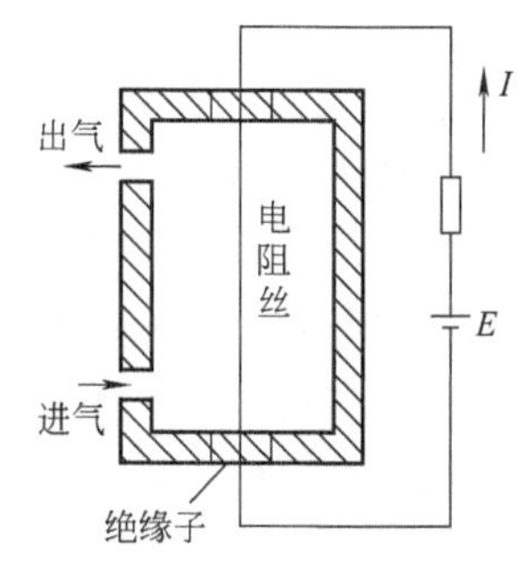

图 6-3　热导池工作原理示意图

由于电阻丝通过的电流是恒定的，电阻上单位时间内所产生的热量也是定值。当待测样品气体以缓慢的速度通过池室时，电阻丝上的热量将会由气体以热传导的方式传给池壁。当气体的热导率与电流在电阻丝上的发热率相等时（这种状态称为热平衡），电阻丝的温度就会稳定在某一个数值上，这个平衡温度决定了电阻丝的阻值。如果混合气体中待测组分的浓度发生变化，混合气体的热导率也随之变化，气体的导热速率和电阻丝的平衡温度也将随之变化，最终导致电阻丝的阻值产生相应变化，从而实现了气体热导率与电阻丝阻值之间变化量的转换。设想热导池的池壁温度恒定不变，如果气体的热导率越大，其传热速率就越快，达到热平衡时电阻丝的温度就越低，如果电阻丝具有正的电阻温度系数，那么它的阻值就越小，反之亦然。

（2）热导池的种类及结构

热导池是热导式气体分析仪的核心部件，根据测量原理可知，热导池的性能直接决定分析仪表的精度。除前面已经讲到的对热导池结构尺寸有具体要求外，热导池的结构形式对转换精度的影响也很大，对仪表动态特性的影响更为突出。一个理想的热导池，在结构形式上保证对气体除热传导以外的种种散热途径都有有效的抑制和稳定作用，电阻丝的平衡温度受外界影响要小，并有良好的动态特性。

目前，国内外生产的热导池，就其结构形式而言，归纳起来不外乎有直通式、对流式、扩散式和对流扩散式四种，如图 6-4 所示，它们有其各自的特点，适用于不同的场合。

① 直通式　测量气室与主气路并列，形成气体分流流过测量气室，主气路与分流气路都设有节流孔，以保证进入测量气室的气体流量很小。待测混合气体从主气路下部进入，其中大部分气体从主气路排出，小部分混合气体经节流孔进入测量气室，最后从主气路的节流孔排出。这种结构的优点是，在一定程度上允许样气以较大的流速流过主管道，使管道内的样气有较快的置换速度，所以，反应速度快，滞后时间短，动态特性好。其缺点是，样气压力、流速有较大变化时，会影响测量精度。适用对象是密度较大的气体组分，如 CO_2、SO_2 等。

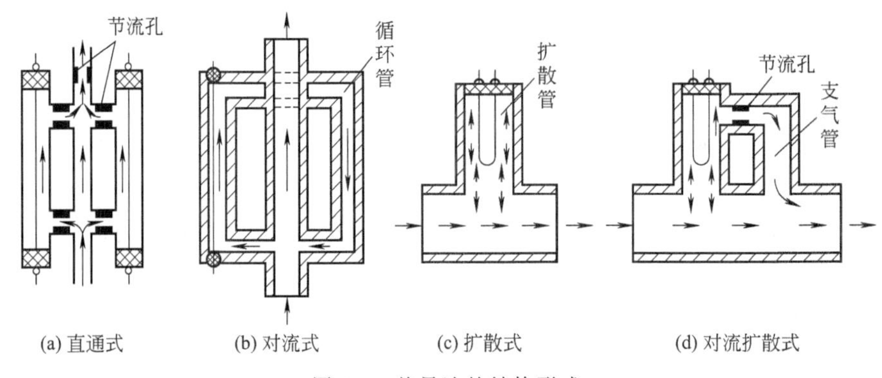

图 6-4　热导池的结构形式

② 对流式　测量气室与主气路下端并联接通，待测气体由主气路下端引入，其中大部分气体从主气路排出，小部分气体分流进入测量气室（循环管），待测气体在测量气室内受电阻丝加热后造成热对流，由于热对流的推力作用，使待测气体沿图示箭头方向经循环管，再由下部回到主气路，经主气路排出。这种结构的优点是，样气压力、流速变化对测量精度的影响不大，所以对样气压力、流速的控制要求不那么严格。其缺点是，反应速度慢，滞后大，动态特性差，故应用较少。

③ 扩散式　在主气路上部设置测量气室，流经主气路的待测气体通过扩散作用进入测量气室，然后测量气室中的气体与主气路中的气体进行热交换后再经主气路排出。这种结构的优点是，当用来测量质量较小、扩散系数较大的气体时，滞后时间较短，受样气压力、流速波动的影响也较小。其缺点是，对扩散系数较小的气体，如 CO_2，会产生严重的滞后。故扩散式适用于分析扩散能力强的气体。

④ 对流扩散式　在扩散式的基础上增加一路支气管，形成分流，以减少滞后。待测气体先扩散进入测量气室，然后由支气管排出，从而避免了进入测量气室的气体发生倒流，同时又保证了测量气室中有一定的流速，防止出现待测气体在测量室中囤积的现象。这种结构的优点是，对样气的压力、流速不敏感，滞后时间较扩散式短，动态特性好。适用于所有可以用热导式气体分析仪来分析的气体，多数热导式气体分析仪都采用这种结构的热导池。

6.2.3 测量电路

从上述测量原理可知，通过热导池的转换作用，把混合气体中待测组分浓度的变化转化成电阻丝阻值的变化，应用电桥测量电阻十分方便，而且灵敏度和精度都比较高，所以各种型号的热导式气体分析仪几乎都采用电桥作为检测环节。目前的测量桥路有单臂串联型不平衡电桥（图 6-5）、单臂并联型不平衡电桥（图 6-6）、双臂串并联型不平衡电桥（图 6-7）。

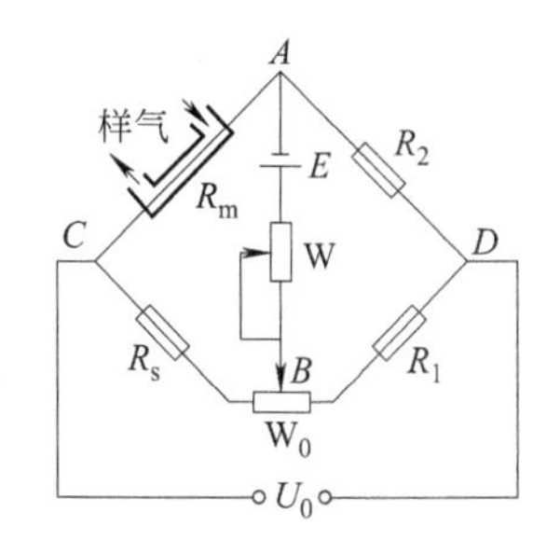

图 6-5　单臂串联型不平衡电桥
R_m—测量臂，R_S—参比臂

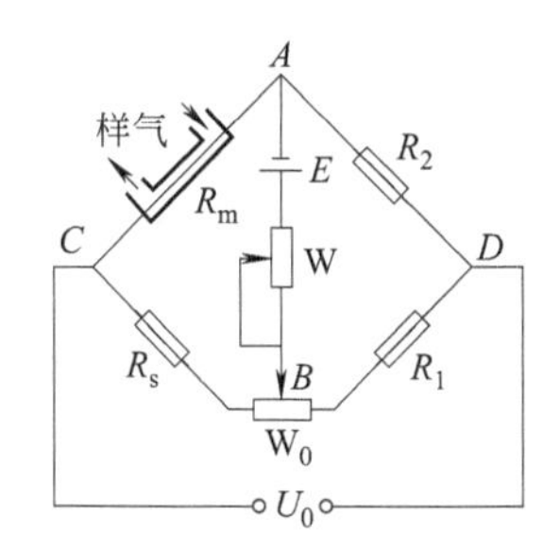

图 6-6　单臂并联型不平衡电桥
R_m—测量臂，R_S—参比臂

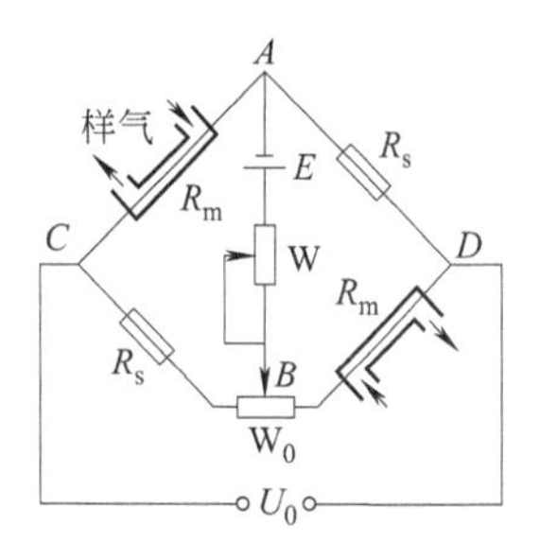

图 6-7　双臂串并联型不平衡电桥
R_m—测量臂，R_S—参比臂

以上介绍的测量线路，从原理上可以看出，当电源电压发生变化时，会给测量结果带来一定误差，当热导池恒温效果不够理想时，池体温度势必会随环境温度变化而变化，而这样的外界干扰难于在电桥的桥臂中对称出现，因此也会引起桥路输出的变化，影响测量精度。为了克服上述缺点，可以采用双电桥测量线路。

如图 6-8 所示，测量系统由两个电桥，即测量电桥和参比电桥组成。两个电桥由同一变压器的两个次级绕组供电。测量电桥由 R_1、R_2、R_3、R_4 组成，R_1 和 R_3 气室是测量气室，通以待测混合气体，R_2 和 R_4 气室是参比气室，充填与待测组分浓度下限一致的气体。参比电桥由 R_5、R_6、R_7、R_8 组成，其中 R_5 和 R_7 气室充填与被测气体浓度上限一致的气体，R_6 和 R_8 气室则充填与被测气体浓度下限一致的气体。由于参比电桥中 R_6、R_8 和 R_5、R_7 的气室中充填的待测组分的浓度相差很大，使参比电桥的输出端有一个固定的信号

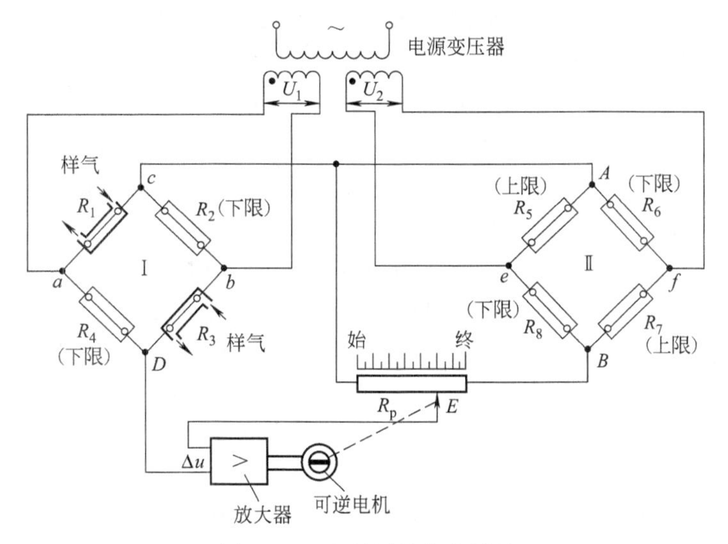

图 6-8　双电桥测量电路原理

电压输出，此电压在滑线电阻 R_p 的两端。

在测量桥路中，由于 R_2、R_4 充以测量下限气体，当待测组分浓度与测量下限相等的混合气体通过 R_1、R_3 时，电桥处于平衡状态，测量电桥的输出为零，放大器输入端 D、E 两点间有一电位差 U_{DE}，经放大器放大，推动可逆电机，带动滑线电阻的滑动触点滑向始端位置（图中滑线电阻的上端），此时 D、E 两点电位相等，$U_{DE}=0$，可逆电机停止转动，仪表指示出被测组分浓度的下限值。当 R_1、R_3 通入待测组分浓度与测量上限一致的混合气体时，测量电桥与参比电桥的工作状态相同，测量电桥输出一个与滑线电阻终端电压相等的电压信号，经放大器放大，推动可逆电机，带动滑线电阻触点滑到终端位置（图中滑线电阻下端），此时 D、E 两点电位相等，$U_{DE}=0$，可逆电机停止转动，仪表指示出被测组分浓度的上限值。当测量电桥的输出信号随混合气体中待测组分的浓度变化而变化时，它与参比电桥输出的已知信号相比较，当 D、E 两点有电位差时，便经放大器放大，推动可逆电机带动滑线电阻的滑动触点寻找对应的平衡点，平衡点的位置就反映了待测组分的浓度。显然，对于双桥测量线路，当供电电源波动或环境温度发生变化时，这些干扰将同步落在测量电桥和参比电桥上，由于两电桥采取反向连接，故这些干扰被互相抵消，从而提高了测量精度。

6.3 红外线气体分析仪

光学式分析是基于电磁辐射与物质相互作用后产生的辐射信号或发生的变化来测定物质的性质、含量和结构的一类分析方法。光学分析法主要包括非光谱法和光谱法两类。非光谱法是基于光与物质相互作用时，测量光的某些性质，如折射、散射、干涉、衍射和偏振等变化的分析方法，如折射法、光散射法等。光谱法是基于光与物质相互作用时，测量由物质内部发生量子化的能级之间的跃迁而产生的发射或吸收光谱的波长和强度的分析方法，如红外吸收光谱、紫外吸收光谱等方法。

6.3.1 红外吸收光谱法

（1）红外线的特征

红外线是一种电磁波，其波长范围为 0.75～1000μm，根据仪器技术和应用的不同，习惯上将红外光区分为近红外光区（0.75～2.5μm）、中红外光区（2.5～25μm）和远红外光区（25～100μm）三个区域。红外吸收光谱是一种分子吸收光谱。绝大多数有机化合物和无机离子的化学键振动频率在中红外光区。所以，通常所说的红外吸收光谱除非特指，一般就是指中红外光区的红外光谱。红外吸收光谱主要用于有机化合物结构的检定。

（2）红外线吸收光谱法

各种多原子气体（CO、CO_2、CH_4 等）对红外线的辐射能具有一定的吸收能力，而且这种吸收具有选择性，即某一种气体只对某一段红外线的光谱的辐射能具有吸收能力，而对其余波段的辐射能则不能吸收。由于各种物质的分子本身有一个特定的振动和转动频率，只有在红外线光谱的频率与分子本身的特定频率相一致时，这种分子才吸收红外光谱的辐射能。把气体能吸收的这一波段的红外线光谱称为该气体的特征吸收波段。表 6-6 列出了一些多原子气体的红外线特征吸收波段。

气体吸收了红外线光谱的辐射能后，一部分可转变为热能，使温度升高。红外线的热辐射特征特别显著，能利用各种热元件来测量红外线的辐射能的大小。红外气体分析仪就是基于这些特征工作的，它主要利用1～25μm之间的一段红外线光谱。但是无极性同核双原子分子结构的气体，如N_2、O_2、H_2、Cl_2及各种惰性气体，如He、Ne、Ar等，不吸收1～25μm波长范围的红外辐射能，所以工业红外气体分析仪不能用来分析这类气体。

表6-6 一些多原子气体的红外线特征吸收波段

气体	吸收波长λ/μm	气体	吸收波长λ/μm	气体	吸收波长λ/μm
CO	4.66,2.37	SO_2	7.3	CH_4	3.3,7.7
CO_2	4.27,2.7	NO	5.2	C_2H_2	3.7
NH_3	10.4	NO_2	6.2	C_2H_4	10.5

(3) 朗伯-贝尔定律

红外线通过介质时或多或少地被介质吸收，因此出射的光强总小于入射光强。光强的减弱服从朗伯-贝尔定律

$$I=I_0e^{-KcL} \tag{6-6}$$

式中 I_0——通过待测组分前的红外线的光强度；

I——通过待测组分后的红外线的光强度；

K——待测组分的吸收系数；

c——待测组分的浓度；

L——红外线光通过待测组分的长度（介质的厚度，也称为光程长度）。

从式(6-6)可以看出，当红外线通过待测组分的长度L及通过待测组分前的光强度I_0一定，而且K对某一种待测组分而言又是个确定的常数时，则红外线透过待测组分后的光强度I就只是浓度c的单值函数，且c随待测组分浓度的增大而以指数规律下降，这种非线性关系，对仪表的刻度带来一定的误差。

在式(6-6)中，当KcL很小时，也即$KcL \ll 1$时式(6-6)所示的指数吸收规律可以用线性规律来代替，式(6-6)可写成

$$I=I_0(1-KcL) \tag{6-7}$$

因此，在红外气体分析仪中为了保证仪表的读数与浓度之间呈线性关系，当被测气体固定后，K即固定为常数，只能使c、L值取得比较小。因此，当待测组分浓度较大时，就选用短的测量气室；当待测组分浓度小时，就选用较长的测量气室。测量气室长度一般在0.5～500mm之间。

6.3.2 结构原理

从仪表的结构特征出发，红外气体分析仪可以分为分光式和非分光式两类。分光式是根据待测组分的特征吸收光谱，采用一套分光系统使通过介质层的辐射光谱与待测组分的特征吸收波段相吻合。这类分析仪的选择性较高。但是用色散系统分光后，光束能量比较小，同时分光的光学系统中任何一个元件位置的微小变化，都会对分光的波长产生严重影响。这种红外线分析仪应用较少。

工业生产流程中所用的红外气体分析仪是非分光的，按照结构和测量原理可分为“正式”和“负式”两大类。

负式红外气体分析仪的特点是进测量气室的混合气体，其待测组分的浓度越大，测量后

输出的信号越小，即待测组分的浓度与输出信号呈反比关系。这类分析仪由于灵度低，应用较少，我国已经不生产。

正式红外气体分析仪的结构如图 6-9 所示。其特点是进入测量气室的混合气体，其待测组分的浓度越大，则测量后的输出信号就越大，即待测组分浓度与输出信号呈正比，但为非线性关系。这类分析仪具有较好的选择性及较高的灵敏度，在工业生产中广泛应用。

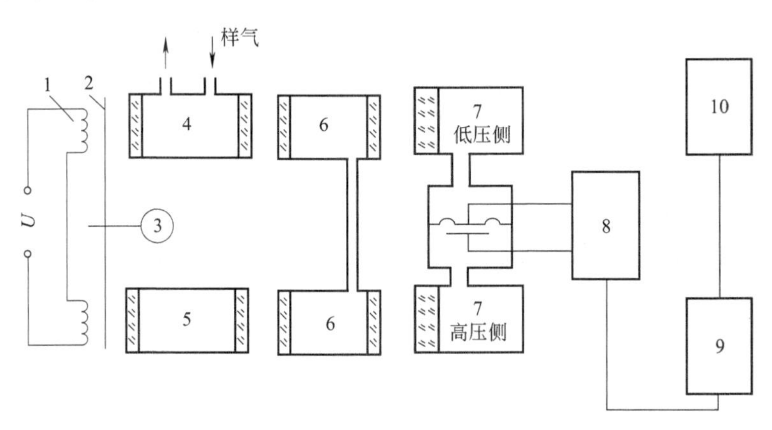

图 6-9　正式红外气体分析仪的结构

1—光源；2—切光片；3—同步电机；4—测量气室；5—参比气室；6—滤光气室；7—检测室；8—前置放大器；9—主放大器；10—记录器

由红外光源 1 发射出具有一定波长范围的红外线，经过反射镜后，分成两束平行的红外线光束，切光片 2 在同步电机 3 带动下作周期性旋转，将两束光线按一定周期切割，使两束红外线变成了脉冲式红外线辐射，其脉冲频率一般在 3～25Hz 之间，要求两束红外线的波长范围与发射能量基本相同。其中一束经过参比气室 5、滤光气室 6 后进入检测室 7（高压侧）。另一束经过测量气室 4、滤光气室 6 后进入检测室 7（低压侧）。参比气室 5 中封入了不吸收红外线的气体，如 N_2，它的作用是为了保证两束平行的脉冲红外线的光学长度相等，即光程加上窗口的数值相等。经过参比气室 5 后红外线波长和光强与进入参比气室前的基本不变。另一束经过测量气室 4，由于测量气室 4 中封入待分析气体，待测组分按其特征吸收波长，吸收了相当一部分的红外线，所以射出测量气室 4 的红外线光强是随待测组分的浓度不同而变化的。从测量气室来的那一束发生变化的光线经过过滤气室，进入检测室 7。

进入检测室两边的两束光强不等，经参比气室到达检测室的红外线光强要大于经测量气室到检测室的红外线预检测室中封入的分析组分。待分析组分对红外线仍然进行选择吸收，吸收后的气体分子的热运动加强，产生膨胀而形成压力变化。由于检测室两边的红外线光能不同，因此检测室两边在吸收上就不同，造成两边的温度变化的不同，必然是检测室高压侧的压力大于检测室低压侧的压力，使中间的隔膜鼓向下鼓出，从而改变隔膜和定片之间的距离，使隔膜和定片组成的电容的电容量发生变化。电容量的变化经放大器 8 再转换成电压信号输出到记录仪进行显示。这就是正式红外气体分析仪的基本工作原理。

6.3.3 组成部件

红外气体分析仪是一种较为复杂的仪表，其基本元件有光源、气室、窗口、检测器、切光片。

（1）红外线辐射光源

光源包括辐射源、反射镜及切光片三个部分。

1）辐射源　从光路结构考虑，有单光源和双光源之分。红外线分析仪对光源的要求如下：

① 辐射的光谱成分要稳定；

② 辐射的能量大部分集中在待测气体特征吸收波段；

③ 辐射光最好能平行于气室中心入射；

④ 光源寿命长，热稳定性好，抗氧化性好，金属蒸发物要少；

⑤ 光源灯丝在加热过程中不能释放有害气体。

2）反射镜　仪表要求反射镜光洁程度要高，表面不易氧化，反射效率高。一般采用黄铜镀金、铜镀铬或铝合金抛光等方法制成。

3）切光片　使用电容微音器的检测器，按两路光进入检测器的时间分成单通式和双通式两种。单通式用的切光片是半圆形的，它使两路光线轮流进入检测室。双通式配用的切光片是十字形的，它使两路光同时进入检测室。切光片的形状如图 6-10 所示。切光片调制光束，要求其平直。一般由镀黑的铝合金支撑。由同步电机带动旋转。

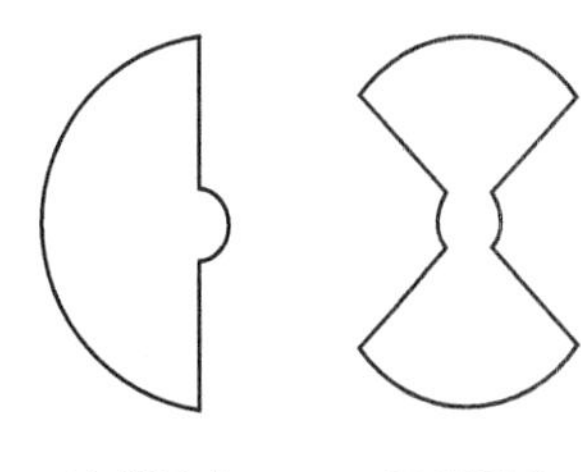

图 6-10　切光片的形状

（2）气室及滤波元件

① 气室　气室包括测量气室、参比气室和滤波气室。它们的结构基本相同，都是圆筒形，两端用晶片（或称窗口密封）。测量气室中有气体的进、出口，参比气室和滤波气室都是密封的。它们的结构和特点是内壁光洁，不吸收红外线，不吸附气体，化学性能稳定。制造气室的材料可用黄铜镀金、玻璃管镀金或铝合金，内壁抛光。因为光线的很大部分要经过气室内壁多次反射才能到达检测室，光洁的内壁有很好的反射系数，光强的损失较小。

根据朗伯-贝尔定律，经过样气吸收后的透射光强与待测组分浓度 c 之间为非线性关系，因而使检测器的响应和浓度 c 之间关系也是非线性的。非线性的刻度不但使读数不方便，还使接近上限的读数精度降低，所以刻度应以线性为好。使红外气体分析仪做到刻度线性有两种方法。一种是根据待测组分的浓度 c 的范围，选择测量气室的长度 L，当 c、L 值很小时，透射光强和浓度 c 是线性关系。当浓度 c 确定后，减小气室长度 L，可以改善线性关系，但是减小到一定程度加工困难，也不能使线性情况满意。另一种方法是在仪表放大部分采用线性校正网络，使输出和浓度呈线性关系。

② 滤波元件　滤波元件包括滤波晶片和滤波气室。质量好的滤波晶片滤波效果好，能使仪表结构简单。但滤波晶片的制造工艺复杂，且只有一两种干扰组分时，滤波效果不如滤波气室。选用滤波晶片还是滤波气室，主要由样气中是否存在干扰组分和它们的含量多少确定。

（3）检测器

检测器也称接收器，分为薄膜微音式检测器、热电偶式检测器、半导体光电检测器等。目前，大多采用薄膜微音式检测器（或称薄膜电容检测器或电容微音器）。它的特点是温度变化影响小，选择性好，灵敏度高。其结构如图 6-11 所示。

就是通过它将两束红外线辐射能量差转变为电信号。它由薄膜作为电容器的动片与定片

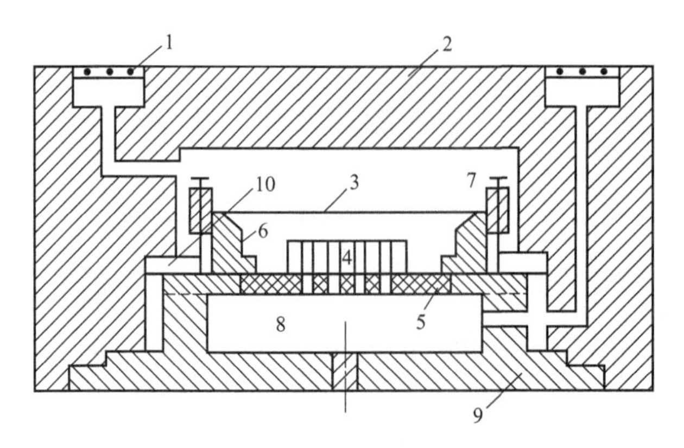

图 6-11 薄膜微音式检测器结构

1—晶片（窗口）；2—壳体；3—薄膜；4—定片；5—绝缘片；
6—支撑器，7,8—空腔气室；9—后盖；10—密封垫圈

构成一个以气体为介质的电容器。薄膜的材料是铝镁合金，厚度为 5～7μm，动片和定片距离为 0.04～0.1mm，电容量为 40～100F，定片是一圆形金属块，中间有很多孔，通过中间孔的绝缘板和支架固定在一块，定片与膜片之间的绝缘电阻大于 10000MΩ，检测器的加工装配比较严格，它的优劣直接影响仪表的性能。

6.4 氧分析仪

氧分析仪是当前装置型企业的流程生产上广为应用的在线分析仪表之一，主要用于分析混合气体中的含氧量，也可用来分析钢水中的含氧量。目前使用的自动氧分析仪大致可分为两大类：一类是根据电化学的原理制成的，如原电池法、固体电解质法和极谱法；另一类是物理式的，如热磁式、磁力机械式等。电化学法虽然灵敏度较高、选择性较好，但响应速度较慢，且日常维护工作量较大，当前主要用于微量氧的分析。物理式的自动氧分析仪响应速度快、稳定性好、日常维护比较方便，同时还不耗费分析的气体，被广泛应用于常量氧的分析。

6.4.1 氧的磁特性

任何物质在外磁场的作用下都呈现出一定的磁特性，有的物质会被磁场吸引或排斥，也有的物质在磁场中无明显反应。物理学中把凡是能够和磁场发生作用力的物质统称为磁质。不同的磁质在磁场中所表现出的磁性差异悬殊，有的与磁场的作用力强，有的与磁场的作用力弱，有的能被磁场所吸引，有的会被磁场排斥。研究发现，磁质在外磁场作用下会进入一个特殊状态，就是磁化。

气体介质处于磁场当中也能被磁化，而且根据气体的不同也表现出顺磁性和逆磁性，如氧、一氧化氮、二氧化氮等氮的氧化物是顺磁性气体；氢、氮、二氧化碳、甲烷等是逆磁性气体。

磁质在外磁场作用下被磁化的程度用磁化强度 J 来表示，磁化强度与外磁场强度 H 成正比，即

$$J=kH \tag{6-8}$$

或
$$k=J/H \tag{6-9}$$

式中，比例常数 k 称为物质的体积磁化率，它的物理意义是磁质在单位磁场强度作用下的磁化强度，它的数值大小及正负取向决定于物质的性质。$k>0$ 的磁质为顺磁质；$k<0$ 的磁质为逆磁质。对于气体也是一样，$k>0$ 的气体为顺磁性气体；$k<0$ 的气体为逆磁性气体。常见气体的体积磁化率见表 6-7。

表 6-7　常见气体的体积磁化率（20℃）

气体	$K\times10^{-6}$	气体	$K\times10^{-6}$	气体	$K\times10^{-6}$
空气	+22.0	CO_2	−0.42	Cl_2	−0.59
O_2	+106.2	H_2O	−0.43	He	−0.47
NO	+48.06	H_2	−1097	C_2H_2	−0.48
NO_2	+6.71	N_2	−0.34	CH_4	−2050

从表 6-7 可见，氧气是顺磁性气体，而且氧气的体积磁化率要比其他气体的体积磁化率大得多。氧气这一突出的物理特性，为采用物理方法分析混合气体中氧的百分含量奠定了基础。

6.4.2　热磁式氧分析仪

（1）居里定律

顺磁性气体的体积磁化率与温度之间的关系，可用居里定律来描述，即
$$k=C\rho/T \tag{6-10}$$

式中，C 为居里常数；ρ 为气体密度；T 为气体的绝对温度。

根据理想气体状态方程，有
$$pV=nRT$$

式中，p 为气体的压力，Pa；V 为气体的体积，L；n 为气体的总分子数；R 为气体常数，J/(kg·K)。

气体的密度 ρ 为
$$\rho=nM/V \tag{6-11}$$

式中，M 为气体的分子量。

将理想气体状态方程代入式(6-11）得
$$\rho=pM/RT \tag{6-12}$$

将式(6-12）代入式(6-10）可得
$$k=CpM/RT^2 \tag{6-13}$$

式(6-13）中，C、M、R 都是常数，于是可以得出以下结论：顺磁性气体的体积磁化率与气体的压力成正比，而与气体温度的平方成反比，即在气体温度升高时，其体积磁化率急剧下降。

顺磁性气体体积磁化率的大小在磁场中的表现为：数值大，与外磁场的作用力大，或者说所受磁场的吸引力大；反之，受磁场吸引力小。顺磁性气体在磁场中因温度变化而导致所受磁场吸引力变化的这一性质，是形成热磁对流的机理。但仅凭这一点还不够，形成热磁对流还需另一条件，即不均匀磁场，也就是顺磁性气体要在与温度场同时存在的不均匀磁场

中，才能形成热磁对流。

(2) 热磁对流

如图 6-12(a) 所示，一个 T 形薄壁石英管，在其水平方向（X 方向）的管道外壁均匀地绕以加热丝，在水平通道的左端拐角处放置一对小磁极，以形成一恒定的外磁场。在这种设置下，磁场强度曲线和温度场曲线如图 6-12(b) 所示。

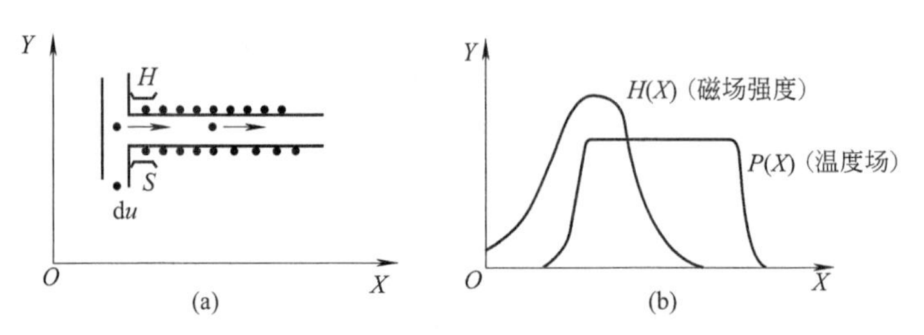

图 6-12 热磁对流示意图

可以看到，磁场强度沿 X 方向按一定的磁场强度梯度衰减，$H(X)$是变化的。对于水平通道而言，处于一个不均匀磁场之中，通道左端磁场强度最强，越往右磁场强度越弱，而温度场基本上是均匀的。它们之间的相对位置关系应该是：在磁场强度最大值区域开始建立均匀的温度场，这一点正如图 6-12(b) 所示。

当有顺磁性气体在垂直管道内沿 Y 方向自下而上运动到水平管道口处时，由于受到磁场的吸引力而进入水平管道。在其处于磁场强度最大区域的同时，也就置身于加热丝的加热区，在加热区，顺磁性气体与加热丝进行热交换而使自身温度升高，其体积磁化率随之急剧下降，受磁场的吸引力也就随之减弱。其后处于冷态的顺磁性气体，在磁场的作用下被吸引到水平通道磁场强度最大区域，就会对先前已经受热的顺磁性气体产生向右方向的推力，使其向右运动而脱离磁场强度最大区域。后进入磁场的顺磁性气体同样被热丝加热，体积磁化率下降，又被后面冷态的顺磁性气体向右推出磁场。如此过程连续不断地进行下去，在水平管道就会有气体自左而右地流动，这种气体的流动就称为热磁对流，或称为磁风。

(3) 测量原理

实际的热磁式氧分析仪依据热磁对流的原理工作，采用间接的方法来测量混合气体中氧含量。

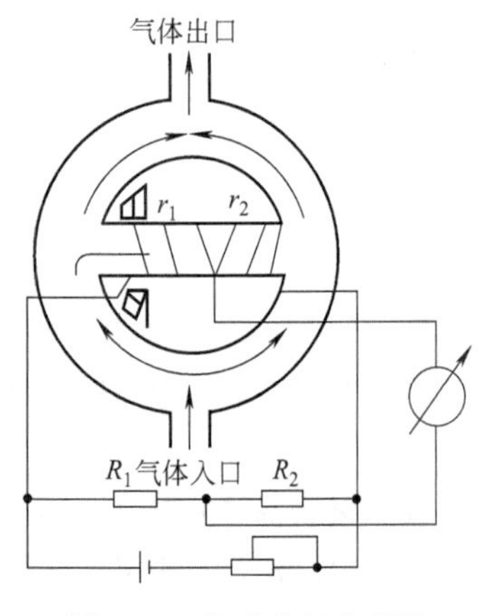

图 6-13 热磁式氧分析仪的工作原理

热磁式氧分析仪的工作原理如图 6-13 所示，热磁式氧分析仪的发送器是一个中间有通道的环形气室。在中间通道的外面均匀地绕有电阻丝。电阻丝通过电流后，既起到加热作用，同时又起到测量温度变化的感温作用。电阻丝从中间一分为二，作为两个相邻的桥臂电阻 r_1、r_2 与固定电阻 R_1、R_2 组成测量电桥。在中间通道的左端设置一对小磁极，以形成恒定的不均匀磁场。

待测气体从底部入口进入环形气室后，沿两侧流向上端出口。如果被测混合气体中没有顺磁性气体存在，这时中间通道内没有气体流过，电阻丝 r_1、r_2 没有热量损失，电阻丝由于流过恒定电流而保持一定的阻值。当被测气体中含有氧气时，左侧支流中的氧受到磁场吸引而进入中间通道，从而形成热磁对流，然后由通道右端排出，随右侧支流流向上端出口。环形气室左侧支流中的氧因远离磁场强度最大区域，受不到磁场的吸引，加之磁风的方向是自左向右的，所以不可能由右端口进入中间通道。

由于热磁对流的结果，左半边电阻丝 r_1 的热量有一部分被气流带走而产生热量损失。流经右半边电阻丝 r_2 的气体已经是受热气体，所以 r_2 没有或略有热量损失。这样就造成电阻丝 r_1 和 r_2 因温度不同而阻值产生差异，从而导致测量电桥失去平衡，有输出信号产生。被测气体中氧含量越高，磁风的流速就越大，r_1 和 r_2 的阻值相差就越大，测量电桥的输出信号就越大。由此可以看出，测量电桥输出信号的大小就反映了被测气体中氧含量的多少。

6.4.3 氧化锆氧分析仪

电化学法是目前工业上分析氧含量的一种方法，具有结构简单、维护方便、反应迅速、测量范围广等特点。氧化锆氧量计是电化学分析器的一种，可以连续分析各种工业锅炉和炉窑内的燃烧情况，通过控制送风来调整过剩空气系数 α 值，以保证最佳的空气燃料比，达到节能和环保的双重效果。

（1）氧化锆（ZrO_2）电解质的性质

电解质溶液靠离子导电，具有离子导电性质的固体物质称为固体电解质。固体电解质是离子晶体结构，靠空穴使离子运动导电，与 P 型半导体空穴导电的机理相似。纯氧化锆（ZrO_2）不导电，掺杂一定比例的低价金属物作为稳定剂，如氧化钙（CaO_2）、氧化镁（MgO），就具有高温导电性，成为氧化锆固体电解质。

为什么在加入稳定剂后，氧化锆就会具有很高的离子导电性呢？这是因为，掺有少量 CaO 的 ZrO_2 混合物，在结晶过程中，钙离子进入立方晶体中，置换了锆离子。由于锆离子是+4 价，而钙离子是+2 价，一个钙离子进入晶体中只带入一个氧离子，而被置换出来的锆离子却带出两个氧离子，结果，在晶体中便留下了一个氧离子空穴。如图 6-14 所示。例如$(ZrO_2)_{0.85}(CaO)_{0.15}$ 这样的氧化锆（小字注脚表示它们的摩尔分数，ZrO_2 的摩尔分数为 85%，CaO 的摩尔分数为 15%）则具有 7.5%摩尔数的氧离子空穴，是一种良好的氧离子固体电解质。

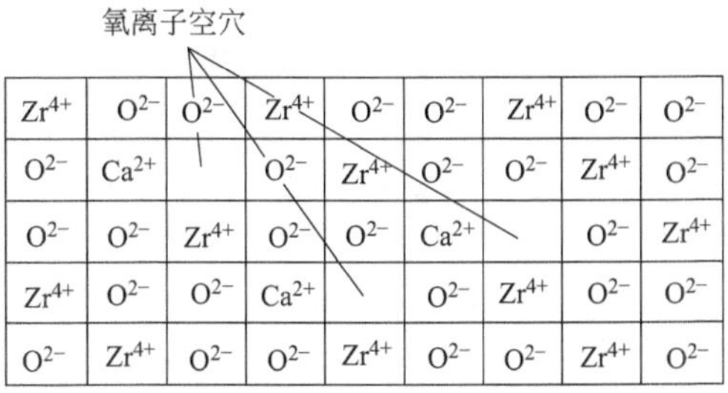

氧离子空穴

Zr^{4+}	O^{2-}	O^{2-}	Zr^{4+}	O^{2-}	O^{2-}	Zr^{4+}	O^{2-}	O^{2-}
O^{2-}	Ca^{2+}		O^{2-}	Zr^{4+}	O^{2-}	O^{2-}	Zr^{4+}	O^{2-}
O^{2-}	O^{2-}	Zr^{4+}	O^{2-}	O^{2-}	Ca^{2+}		O^{2-}	Zr^{4+}
Zr^{4+}	O^{2-}	O^{2-}	Ca^{2+}		O^{2-}	Zr^{4+}	O^{2-}	O^{2-}
O^{2-}	Zr^{4+}	O^{2-}	O^{2-}	Zr^{4+}	O^{2-}	O^{2-}	Zr^{4+}	O^{2-}

图 6-14 氧化锆内部氧离子空穴导电示意

（2）氧浓差电池工作原理

在一片高致密的氧化锆固体电解质的两侧，用烧结的方法制成几微米到几十微米厚的多孔铂层作为电极，再在电极上焊上铂丝作为引线，就构成了氧浓差电池，如图 6-15 所示。如果电池左侧通入参比气体（空气），其氧分压为 P_0；电池右侧通入被测气体，其氧分压为 P_1（未知）。

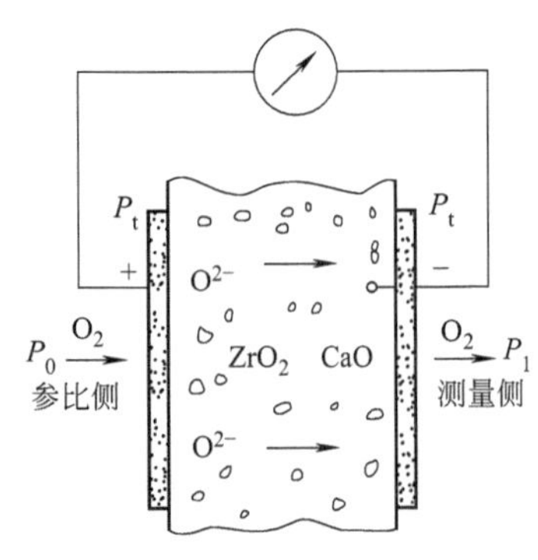

图 6-15 氧化锆管氧浓差电池示意

设 $P_0>P_1$，在高温下（650～850℃），氧就会从分压大的 P_0 侧向分压小的 P_1 侧扩散，这种扩散不是氧分子透过氧化锆从 P_2 侧到 P_1 侧，而是氧分子离解成氧离子后通过氧化锆的过程。在 750℃左右的高温中，在铂电极的催化作用下，在电池的 P_0 侧发生还原反应，一个氧分子从铂电极上取得 4 个电子，变成两个氧离子（O^{2-}）进入电解质，即

$$O_2(P_0)+4e \longrightarrow 2O^{-2} \tag{6-14}$$

P_0 侧的铂电极由于大量给出电子而带正电，成为氧浓差电池的正极或阳极。

这些氧离子进入电解质后，通过晶体中的空穴向前运动到达右侧铂电极，在电池的 P_1 侧发生氧化反应，氧离子在铂电极上释放出电子并结合成氧分子析出，即

$$2O^{-2} \longrightarrow O_2(P_0)+4e \tag{6-15}$$

P_1 侧铂电极由于大量得到电子而带负电，成为氧浓差电池的负极或阴极。

这样，在两个电极上由于正、负电荷的堆积而形成一个电势，称之为氧浓差电动势。当用导线将两个电极连成电路时，负极上的电子就会通过外电路流到正极，再供给氧分子形成氧离子，电路中有电流通过。

氧浓差电动势的大小，与氧化锆固体电解质两侧气体中的氧浓度有关。通过理论分析和实验证实，它们的关系可用能斯特公式表示。即

$$E=\frac{RT}{nF}\ln\frac{P_0}{P_1} \tag{6-16}$$

式中 E——氧浓差电动势，V；

R——气体常数，$R=8.315\text{J/(mol}\cdot\text{K)}$；

T——气体的绝对温度，$T=273+t$（t 为实际工作温度,℃）；

F——法拉第常数，$F=96500\text{C/mol}$；

n——参加反体应的电子数（对氧而言 $n=4$）；

P_0——参比气体的氧分压；

P_1——被测气体的氧分压。

如被测气体的总压力与参比气体的总压力相同，则上式可改写成

$$E=\frac{RT}{nF}\ln\frac{C_0}{C_1} \tag{6-17}$$

式中 C_0——参比气体中氧的体积分数；

C_1——被测气体中氧的体积分数。

从式(6-17) 可以看出，当参比气体中的氧含量 C_0 一定时，氧浓差电动势仅是被测气体中氧含量 C_1 与温度 T 的函数。把式(6-17) 的自然对数换为常用对数，得

$$E=2.303\frac{RT}{nF}\lg\frac{C_0}{C_1} \tag{6-18}$$

若氧浓差电池的工作温度为 800℃，C_0 为 20.8%，则电池的氧浓差电动势 E 为

$$E=53.121\lg\frac{20.8}{C_1} \tag{6-19}$$

式(6-19) 说明，氧浓差电动势与被测气体中氧含量有对数关系，当氧浓差电池的工作温度 T 和参比气体中氧含量 C_0 一定时，被测气体中的氧含量越小，氧浓差电动势越大。这对于测量氧含量低的烟气是有利的，但是在自动控制系统中，需要有线性化装置来修正对数输出特性。

(3) 结构组成

根据氧化锆探头的结构形式和安装方式的不同，可把氧化锆分析仪分为直插式、抽气式和自然渗透式及色谱用检测器四类，目前大量使用的是直插式氧化锆分析仪。但现在空气领域和色谱领域也开始大量采用渗透式检测器。

① 无加热直插式　这种检测器的结构如图 6-16 所示。氧化锆管为带接管的试管形，接管材料为氧化铝，铂丝电极引线引至接线盒处。锆管外部装有碳化硅过滤器，以滤掉被测样气中的灰尘、杂质，同时也有防止被测样气直接冲击锆管的作用。

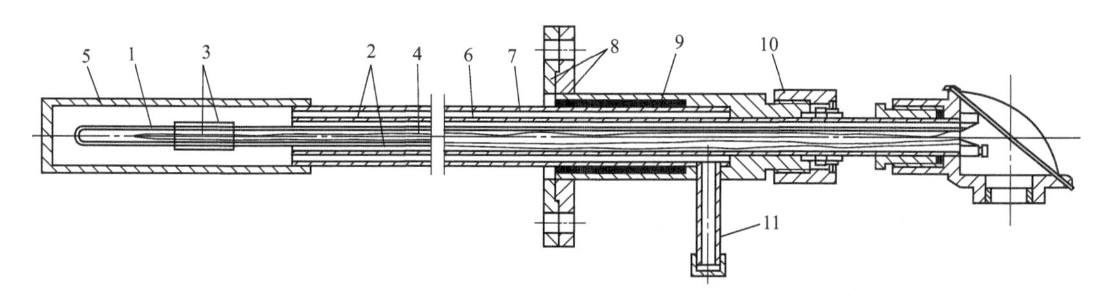

图 6-16　直插式氧传感器整体装配图

1—氧化锆管；2—内、外电极引线；3—内、外铂电极；4—绝缘管；5—陶瓷过滤器；6—高铝管；7—保护套管；8—法兰；9—固定筒；10—固定螺母；11—导气管

被测样气经碳化硅过滤器通至锆管的外侧，锆管内侧通入参比气体（一般为空气）。整个检测探头直接插入被测设备中，用法兰将检测器与设备连接在一起。

这种检测器由于没有加热恒温系统，所以只能用于温度 600℃且比较稳定的被测对象，这种检测器配上相应的二次仪表即可使用。由于大多数现场运行条件都不够理想，加之很难保证被测对象的温度能保持恒定，所以，这种结构形式的检测器实际使用不多。如果勉强使用，只有加强日常维护才能维持正常运行。

② 直插加热恒温式　如图 6-17 所示，直插加热恒温式检测器外形结构与前一种直插式检测器基本一样，直插加热恒温式探头在碳化硅过滤器上锆管之间装有一支热电偶，用以测量锆管的工作温度。在探头顶部装有加热炉，热电偶的信号送给外部恒温控制器（或电路），恒温控制器（或电路）通过加热炉来控制炉温，以保证检测器探头工作在设定的恒温范围内。在被测样气的环境温度较低的场合，就适合选用这种形式的检测器。

③ 抽气式检测器　抽气式检测器主要用于负压对象以及样气环境条件恶劣的场合。被测样气通过样气预处理系统的负压取压装置的抽吸，使其达到规定的压力、流量及洁净程度后再进入检测器。如图 6-18 所示。

抽气式检测器的锆管形式可以是流通管形，也可以是试管形。当采用流通管形时，管内侧通被测样气，管外侧通参比气；如果采用试管形，则管外侧通被测样气，管内侧通参比气。无

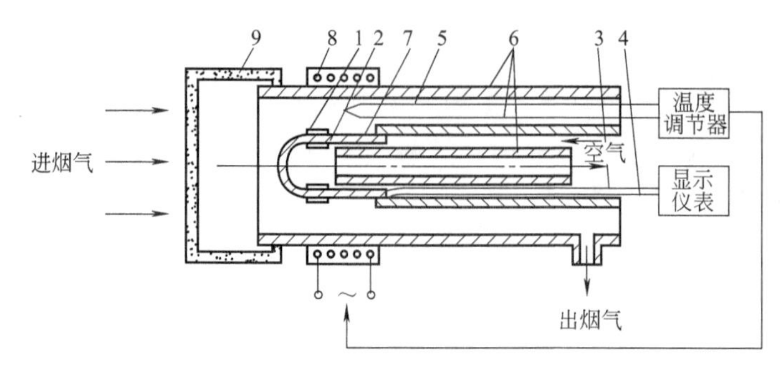

图 6-17 直插式氧化锆管结构

1，2—内外电极；3，4—内外电极引线；5—热电偶；6—氧化铝陶瓷管；
7—氧化锆管；8—恒热键加热器；9—陶瓷过滤器

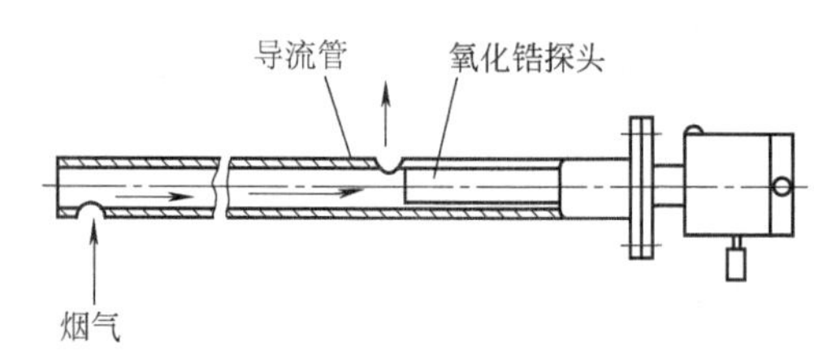

图 6-18 抽气式氧化锆探头外形

论锆管采用哪种形式，这种检测器都要置于加热炉中，以使其在设定的恒定温度下进行测量。

6.5 工业气相色谱仪

工业气相色谱仪是一种多组分分析仪表，采用分离分析方法，对混合物进行多组分分析，具有效能高、灵敏度高、选择性强、分析速度快、应用广泛、操作简便等特点。适用于易挥发有机化合物的定性、定量分析。

6.5.1 色谱分析法

色谱法是一种物理的分离方法，它利用混合物中各组分在不同两相间分配系数的差异，而使混合物得到分离。当两相做相对运动时，分配系数大的组分不容易被流动相流体带走，因而它在固定相中滞留时间长，而分配系数小的组分则滞留时间短。经过一定时间后，各组分得以分离。

利用色谱法进行分析的方法叫色谱分析法。色谱分析法中，分离在色谱柱中进行。色谱柱管是细长的金属管（如铜管）或玻璃管，管内填充一定粒度的固体吸附剂，或填充涂有固定液的担体，也可在管内（毛细管）直接涂固定液。其中固体吸附剂和担体上的固定液就是固定相，在柱管中流动的气体或液体就是流动相。

流动相为气体的称为气相色谱，根据固定相的不同，它又分为气-液色谱和气-固色谱两种。流动相为液体的则称为液相色谱。

气固色谱柱的分离原理：气固色谱柱又叫吸附柱，是靠吸附力对组分进行分离的。当混合组分的样品由载气带入气固色谱柱后，由于吸附剂对不同的组分有不同的吸附能力，随着载气的推动，不同组分的移动速度也不同。吸附能力强的组分停留在色谱柱中的时间较长，吸附能力差的组分停留在色谱柱中的时间较短，无吸附能力的组分首先馏出色谱柱，吸附能力最强的组分最后馏出色谱柱，从而达到分离的目的。

当一组可挥发性的物质，在惰性气体（如 H_2、N_2、He 等）的携带下通过一个填充柱（或空心柱）时，混合物就被分离成单个组分，以不同的时间馏出柱子，把这个过程称为“气相色谱”过程。被分离的单个组分通过柱后的检测器装置鉴定，确定其性质和量，这就称为“气相色谱分析”。实现气相色谱分析过程的仪器称为气相色谱仪。气相色谱分析法具有分离效率高、分离速度快、样品用量少和高灵敏度等特点，且结构简单、操作方便，是色谱分析中目前应用面最广、数量最大的一种方法，当然，与其它分析方法比较也有不足之处。下面简单介绍一下气相色谱仪的分离基本原理。气相色谱仪的分离过程见图 6-19。图中表示 A、B 两个组分组成的混合物由载气携带进入色谱柱，刚进柱时，A、B 是一种混合物带。随着载气持续在柱内通过，由于 A、B 组分吸附能力或分配系数的差异，致使 A、B 流动速度不同，逐渐分离为 A、A+B、B。由于多次吸附或分配，使谱带 A 和 B 分离并将逐渐拉开，当组分 A 随载气离开柱子进入检测器，记录器上就出现所谓色谱峰或称色谱图。

当组分 B 也离开色谱柱时，记录器上记录出 A、B 两个色谱峰，如图 6-20 所示。图中有一条与时间轴平行的记录线 T，称之为基线。基线就是在没有样品组分，只有载气流经检测器时，检测器的输出信号的记录线。不被固定相吸附或者溶解的气体（空气）从进样入色谱开始到空气峰达到最高点之间的时间，即死时间 T_a；从进样时刻开始到各个峰最高点所经历的时间 T_r，称为峰所对应的组分的保留时间，保留时间是定性分析的依据，也是分离系统性能及效率的一项重要性能指标。色谱曲线所包围的 ABCDEF 为峰面积，H 为峰高，色谱峰所包围的面积大小是气相色谱柱定量分析的依据。

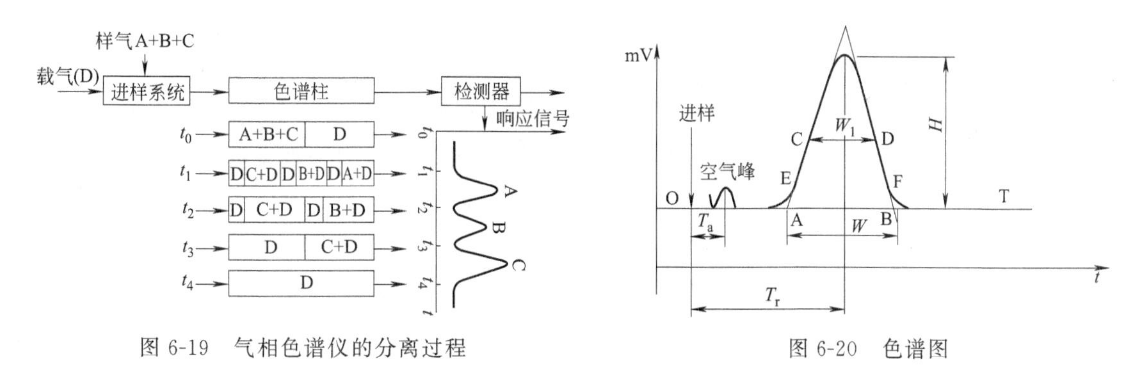

图 6-19 气相色谱仪的分离过程 图 6-20 色谱图

总之，气相色谱法是一类分离分析方法的总称，它分析的对象是气体和可挥发性的物质。利用被分离物质在色谱柱内气相和固定相之间分配系数的微小差别（由溶解度或吸附性能差异引起的），由于两相相对移动，经过多次分配，使原来只有微小差异的组分产生很大的分离效果，从而使不同组分得到完全分离。

6.5.2 基本组成

虽然气相色谱仪的型号很多，但工业气相色谱仪主要由取样和预处理装置、检测器、信号放大电气电路、显示记录及数据处理器、控制器等五部分组成。

分析气经过取样和预处理装置除去污物和水分获得干净、干燥的气体，在载气的携带下进入检测器，检测器通过某种原理使其转换成微弱的电信号，然后再经信号放大电气电路处理后进行数据处理。最后送显示记录器。控制器控制各部分按预先安排的动作程序自动、协调、周期地工作。见图 6-21。

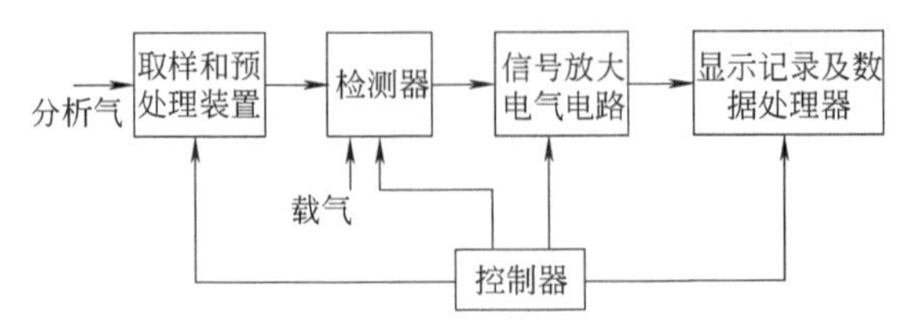

图 6-21　工业气相色谱仪的基本组成

6.5.3 性能指标

色谱性能的技术指标主要有柱效率、选择性、分辨率、柱变量来衡量的，其中柱效率、选择性尤其重要，下面进行简单介绍。

(1) 柱效率

柱效率是用单位柱长（cm 或 mm）拥有的理论塔板数来衡量的。柱效率的高低直接影响组分的分离效果。用方程式描述为

$$柱效率=\frac{N}{L} \tag{6-20}$$

式中，L 为色谱柱的柱长，单位为 cm 或 mm；N 为理论塔板数，N 越大，柱效率越高。

(2) 选择性

色谱柱分离组分的好坏，主要表现在色谱柱对分离两相邻组分的能力，这种能力用两相邻组分的谱图峰高之间的距离来衡量。相邻两峰高之间的距离越大则选择性越好。反之选择性就差。通常用分离因子来表示两组分在给定色谱柱上的选择性，图 6-22 表示两相邻组分的色谱图。它们各自的保留时间分别是 T_1、T_2。选择性用分离因子来表示为：

$$分离因子=\frac{T_2-T_a}{T_1-T_a} \tag{6-21}$$

式中，T_a 为死时间。

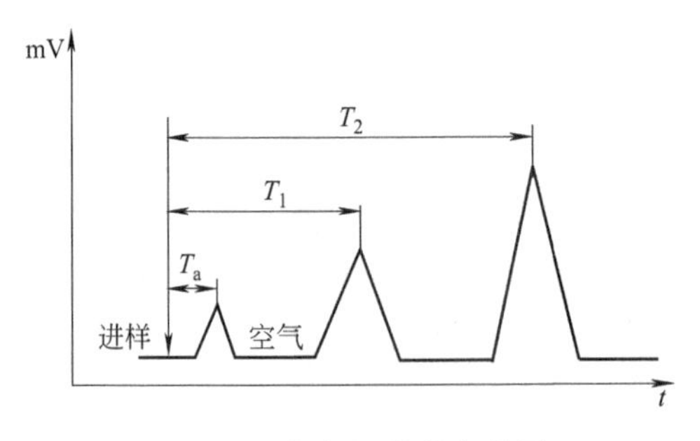

图 6-22　相邻组分的色谱图

分离因子越大选择性就越好，两相邻组分就分离的好。否则就难分离，出现重叠，从而无法确定其各自的含量，或造成很大的测量误差。

(3) 分辨率

柱效率只能说明色谱柱效率的高低，反映不出两难分组分（保留时间差距不大的两种组

分）的直接效果。选择性虽能反映两组分分离的容易程度，但不能反映柱效率的高低，而分辨率则能反映出这两者的指标。分辨率用 R 表示。R 定义为两相邻峰保留时间差除以两峰宽之和的两倍。

$$R=\frac{2(T_2-T_1)}{W_1+W_2} \tag{6-22}$$

两组分的保留时间相差 T_2-T_1 越大，峰宽 W_1+W_2 越窄，则分辨率就越高。如果 $R=1$，分离效率为98%，有2%的重叠区；若 $R=1.5$，其分离效率为99.7%。一般认为 $T=1.5$ 时，两相邻峰可以完全分离。工业色谱仪要求具有足够大的分辨率，以便于峰间有足够的开关时间，从而方便地控制程序的安排和保留较长的柱寿命，使色谱仪能较长时间使用。因此 R 最好为5～10。对于比较难分的组分采用峰高定量时，R 也应等于1。

（4）柱变量

影响柱效率的因素称为柱变量，影响柱效率的因素可用范第姆特方程式表示如下：

$$H=A+\frac{B}{u}+C \tag{6-23}$$

式中，A 为涡流扩散项，表示气体在柱中流动时碰到固体颗粒就会受阻，不能保持层流，而形成涡流，如果柱中填装的固体相颗粒小，圆滑均匀，装填均匀，涡流效应就小，则理论塔板高度 H 就小，柱效率就高。

B 为分子扩散项系数，若组分在柱中不占据整个空间，必然产生扩散作用，就会使组分在柱内的停留时间增加。与固定相的颗粒均匀度、操作条件的温度、压力等都有关，固定相的颗粒均匀则 H 小，柱效率就高；温度低，H 小，柱效率就高。

C 为质量传递阻力系数，此项说明样品进入色谱柱到流出色谱柱的这一质量传递过程中，气液界面的平衡因受柱子内质量传递阻力的影响，不可能瞬间就能完成，需要一定的时间。固定液膜厚度薄些，样品分子在液相中的扩散系数大些，它的质量传递阻力就小，即样品从气液界面到液相内部，再从液相内部返回到气液界面的过程进行得快些，说明柱子的效率高。

u 为流动相的平均流速，与操作压力有关，压力低，载气流速慢，组分在柱中停留时间长，分子扩散严重，H 就大，柱效率就低；反之柱效率就高。在载气流速低时，柱效率主要取决于分子扩散项，在载气流速较高时，质量传递阻力项则远远大于涡流扩散项和分子扩散项。即在载气流速较高时，柱效率主要取决于质量传递阻力项，因此必须选择一个最佳载气流速。最佳载气流速可由 B 和 C 商的平方根决定，工业色谱仪载气流速的选择一般略大于最佳载气流速。

6.5.4 检测器

检测器是一种换能装置，它是色谱仪的一个重要部件。检测器的作用是把由色谱柱馏出的载气中样品组分含量的变化，通过某种原理使其转换成电信号，以便能自动记录。目前色谱仪检测器种类较多，但在实际使用中只有少数几种。最常用的有热导式、氢火焰离子化等检测器。

（1）热导式检测器

热导式检测器由于灵敏度适宜、通用性强（对无机物、有机物都有响应）、稳定性好、线性范围宽、对样品无破坏作用、结构简单、维护方便，得到了广泛应用。热导式检测器的工作原理与前面介绍的热导式分析仪的检测器工作原理一样。经过色谱柱分离后的样品组分，在载气的带动下，进入热导检测器，由热导检测器把样品中各组分浓度的高低转换成电阻值的变化，再由桥路把电阻值的变化转换成电信号输出，由显示仪表显示出各组分浓度的大小。

（2）氢火焰离子化检测器

氢火焰离子化检测器简称氢焰检测器。这种检测器对大多数有机化合物具有很高的灵敏度，一般比热导式检测器的灵敏度高 3～4 个数量级，能检测至 10^{-9} 级的痕量物质。但它仅对在火焰上被电离的含碳有机化合物有响应，对无机化合物或在火焰中不电离或很少电离的组分没有响应，因此它只应用在对含碳有机物的检测中。它具有结构简单、灵敏度高、稳定性好、响应快等特点。

氢火焰离子化检测器主要由不锈钢制作的收集离子的离子室、产生氢焰火的氢气及喷嘴装置、点燃氢火焰的装置、收集离子的电极发射极和收集极、加在电极上产生恒定电场的高压直流电源、提供氢气燃烧时所需氧气的空气等组成。放大器把信号放大由记录仪记录下来。如图 6-23 所示。

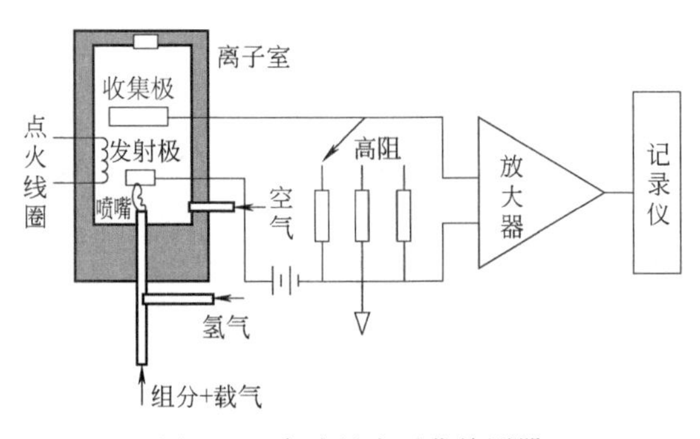

图 6-23　氢火焰离子化检测器

待分析的有机组分在氢火焰中燃烧，产生离子化反应，分解成带正电荷的正离子与带负电荷的负离子。在收集极和发射极恒定的静电场作用下，离子做定向运动，正离子向收集极运动，负离子向发射集运动，形成电流，电流的大小与碳原子的组分成正比。两极间的电流一般在 10^{-12}～10^{-11}A，为了取出这个微弱的电流信号，就需要一个具有高输入阻抗的放大器。

任务 7

气相色谱分析仪的认识及使用

一、实验目的

① 通过实验掌握气相色谱定性分析和定量分析的原理和方法。

② 理解气相色谱分析仪的组成，了解 GC-14B 气相色谱仪的操作步骤。

二、实验设备及试剂

1. 实验设备

日本岛津 GC-14B 气相色谱仪，配 FID 检测器；非极性毛细管色谱柱。载气为氮气、空气、H_2。色谱柱温度 85℃、气化室温度 150℃、检测器 FID 温度 180℃；进样量 0.4μL。

2.试剂

环己烷、苯、甲苯，混合样。

三、实验步骤

（一）操作前的准备

① 载气（N_2）：开启氮气钢瓶，缓缓旋动低压阀的调节杆，调节至约 0.6MPa，开启主机上载气进口压力表（P），使表压指示为 50kPa，开启载气流量表（M），调节氮气流量至实际操作量。

② 空气：打开空气压缩机的放水开关，放水后，启动空气压缩机，主机压力调至约 50kPa。

③ 氢气：等柱温箱温度达到设定值后，打开氢气钢瓶的阀门，主机压力调至 50～60kPa。

（二）主机及工作站操作

① 接通稳压器电源，开启主机电源，四灯均亮时，打开计算机。

② 双击 N2000 色谱数据工作站，进入采样通道界面，选择通道 1，点击“实验信息”按钮，填入相关实验信息；点击“方法”按钮，选择“积分参数”为“面积”，“积分方法”为“归一化法”；在“采样控制”输入数据保存路径，输入实验样品名称，点击“采用”按钮。

③ 在主机键盘设定色谱柱、进样口及检测器温度，按下主机上的加热开关及键盘上的 START，开始加热。

④ 若使用氢火焰离子化检测器，加热到设定温度后，适当调小空气流量（即按下流量表中的 IGNIT 按钮），用点火器点火。

⑤ 在计算机上点击“数据采集”按钮，点击“查看基线”，待基线平稳后用注射器进样。

⑥ 分析完毕后，按下“停止采集”键。在离线工作站将数据调出，打印分析结果报告。

（三）关机

① 先关闭氢气，将柱温、检测器和进样口温度调小，让其自行降温，再依次关闭打印机、计算机、色谱主机开关、稳压电源、仪器在测定完毕后继续用载气冲洗整个系统 30min 以上。

② 切断电源，关闭除载气以外所有气源，开启柱箱门。

③ 继续通载气至柱温降至室温附近，关闭载气。

四、数据分析

由于在一定条件下，某物质的保留时间为一定值，根据标准品色谱峰的保留时间与混合样各峰的保留时间的对照，可知混合样中：

保留时间为______ min 的峰为甲苯，其在混合样中的含量为______%；

保留时间为______ min 的峰为正己烷，其在混合样中的含量为______%；

保留时间为______ min 的峰为苯，其在混合样中的含量为______%；

保留时间为______ min 的峰为环己烷，其在混合样中的含量为______%。

思考练习

6-1　热导式分析仪的基本工作原理是什么？

6-2　利用气体热导特性进行混合气体中某一组分气体浓度分析时，被测混合气体应满足什么条件？

6-3　热导池的结构类型有哪些？

6-4　简述直读式红外气体分析仪的工作原理。

6-5　简述正式红外线气体分析仪的测量原理及其特点。

6-6 根据分析原理的不同常见的氧分析仪有哪几种？

6-7 氧浓差电池的原理是什么？试述氧浓差电池测氧的反应过程。

6-8 请简述在线色谱仪的工作原理。

6-9 色谱仪的载气应选用什么样的气体？

附　　录

1151 压力变送器 HART 通讯器菜单树

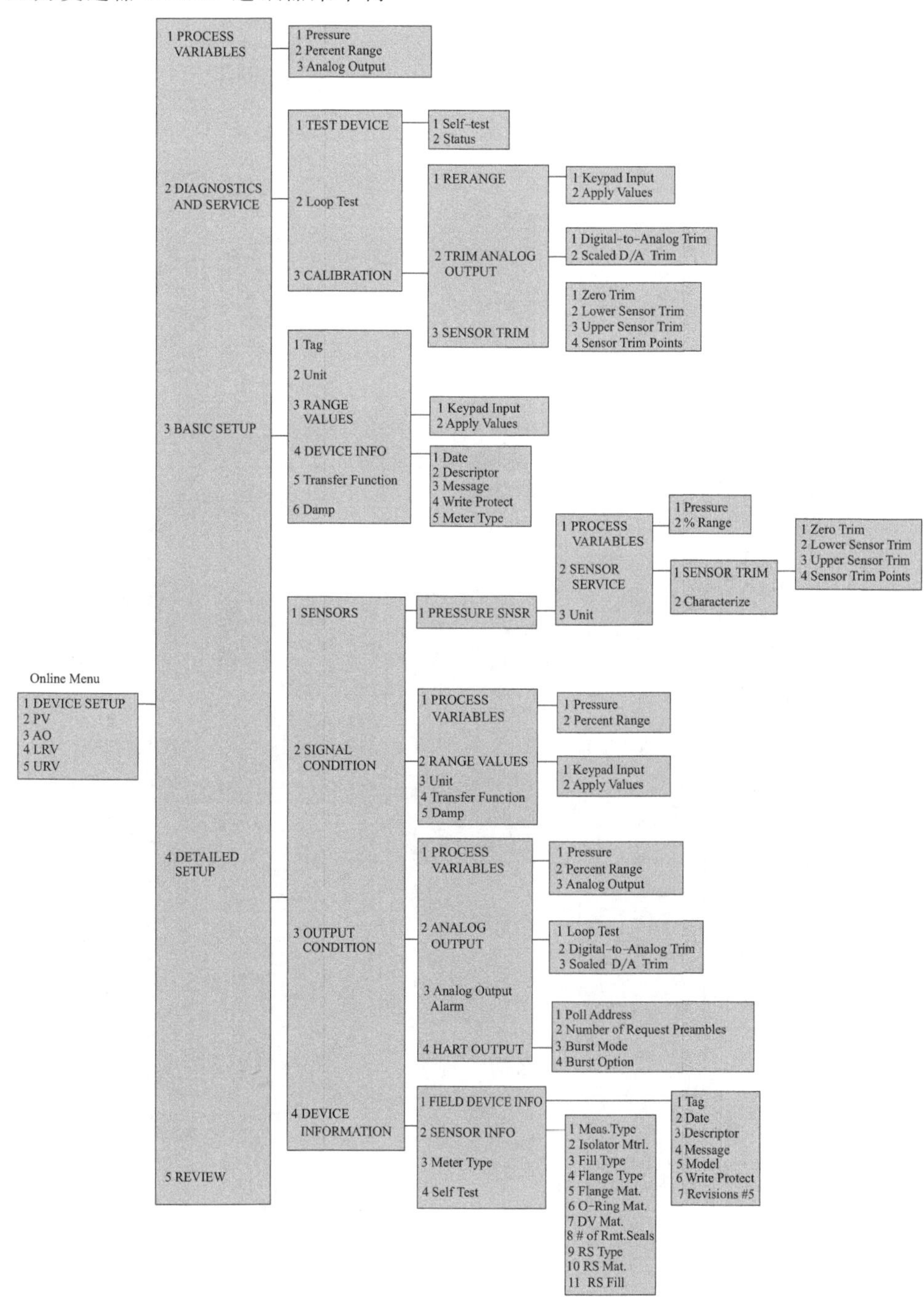

3051 压力变送器 HART 通讯器菜单树

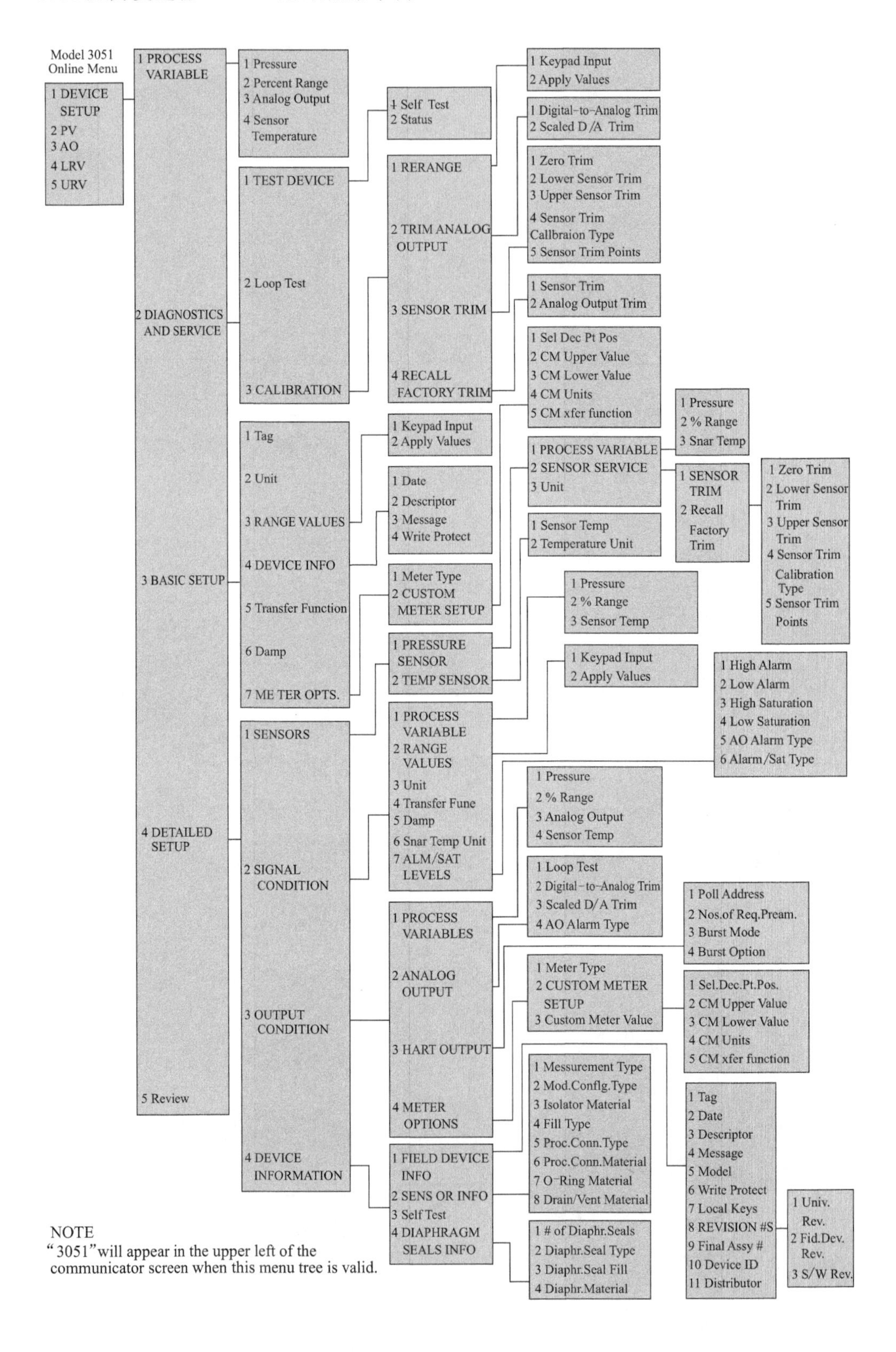

NOTE
"3051" will appear in the upper left of the communicator screen when this menu tree is valid.

644 温度变送器 HART 通讯器菜单树

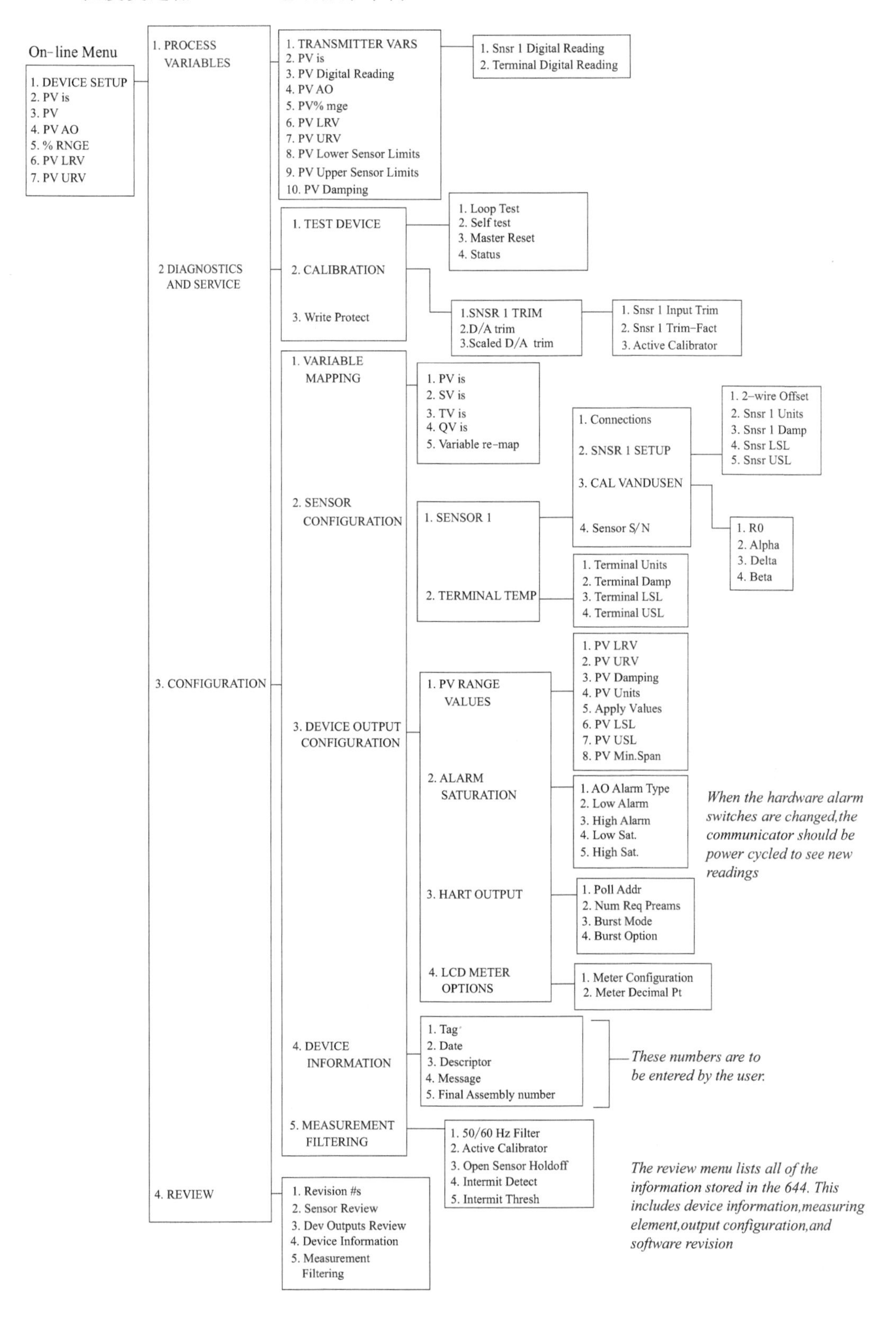

参考文献

[1] 李飞. 过程检测系统的构成与联校. 北京：化学工业出版社，2012.

[2] 李飞. 过程检测仪表实训教程. 北京：化学工业出版社，2016.

[3] 王永红. 过程检测仪表. 第2版. 北京：化学工业出版社，2010.

[4] 江光灵. 在线分析仪表——仪表维修工技术培训读本. 北京：化学工业出版社，2006.

[5] 历玉明. 化工仪表及自动化. 北京：化学工业出版社，2005.

[6] 朱炳兴，王森. 仪表工试题集——现场仪表分册. 第2版. 北京：化学工业出版社，2002.

[7] 王森，符青灵. 仪表工试题集——在线分析仪表分册. 第2版. 北京：化学工业出版社，2006.